高等职业教育艺术设计新形态系列"十四五"规划教材

版式与宣传品设计

BANSHI YU XUANCHUANPIN SHEJI

张 毅 蒋苑如 郭宇飞 编著

U0240750

西南大学出版社

国家一级出版社 全国百佳图书出版单位

图书在版编目（CIP）数据

版式与宣传品设计 / 张毅, 蒋苑如, 郭宇飞编著
. -- 重庆：西南大学出版社, 2024.1
ISBN 978-7-5697-2022-8

Ⅰ.①版… Ⅱ.①张… ②蒋… ③郭… Ⅲ.①版式 –
设计②广告 – 设计 Ⅳ.①TS881②J524.3

中国国家版本馆CIP数据核字(2023)第204837号

高等职业教育艺术设计新形态系列"十四五"规划教材
版式与宣传品设计
BANSHI YU XUANCHUANPIN SHEJI
张　毅　蒋苑如　郭宇飞　编著

选题策划：鲁妍妍
责任编辑：鲁妍妍
责任校对：龚明星
装帧设计：沈　悦　何　璐
排　　版：吕书田
出版发行：西南大学出版社（原西南师范大学出版社）
地　　址：重庆市北碚区天生路2号
网上书店：https://www.xnsfdxcbs.tmall.com
印　　刷：重庆建新印务有限公司

幅面尺寸：210mm×285mm
印　　张：8
字　　数：270千字
版　　次：2024 年 1 月 第 1 版
印　　次：2024 年 1 月 第 1 次印刷
书　　号：ISBN 978-7-5697-2022-8
定　　价：65.00 元

本书如有印装质量问题，请与我社市场营销部联系更换。
市场营销部电话：（023）68868624 68253705

西南大学出版社美术分社欢迎赐稿。
美术分社电话：（023）68254657 68254107

前言

FOREWORD

你能想象吗？如精灵一般的点，是怎样在版面中生动跳跃；像旋律一般的线，是如何在版面中悠然流动；若界域一般的面，是怎么将版面分割得匠心独运、与众不同；还有那在版面中建构的空间与点缀的肌理，是如何将美好的想象变得既真实又触手可及……这，就是版式设计的力量，它治理了文字，让文字能够更精准地传达信息内容；它装点了图片，让图片成为彰显作品风格的利器；它升华了色彩，让色彩能够渲染意境、粉饰情感……

在数字信息时代，宣传品被广泛使用并延展出越来越多基于网络数字化的载体形式，宣传品设计也从传统媒体的静态呈现，延展到数字媒体的动态演绎，数字宣传品以丰富的视效表现与即时的多元交互，展现了现代设计随时代变革的大势所趋、百川归海。同样，以纸张为代表的传统宣传品，也从来没有停下前进的脚步，日趋丰富的材料、愈发精湛的工艺，让传统宣传品仍然以玲珑剔透的形式结构、美轮美奂的视觉表现、触感愉悦的材质肌理，在精准传递信息的同时，带给受众近距离的真情实感与深度互动的喜出望外。

一直以来，国内各大高校的版式设计与宣传品设计通常是作为两门独立的课程开设，其原因在于，版式设计是定位于视觉传达设计及相关设计专业的专业基础课程，主要培养学生视觉设计中版面元素处理与编排的能力；宣传品设计则是定位于视觉传达设计专业的专业主干课程，主要培养学生宣传品的调研策划、创意设计与制作表现的能力。

然而，随着课程教学与实践的不断深入，两门课程独立开设的缺点愈发明显，主要表现在知识点部分重合和作业实训趋于相同两个方面。作为专业基础课程的版式设计缺乏更加具有实践性的知识与技能应用的落脚点；作为专业主干课程的宣传品设计的知识体系烦琐而陈旧，落后于时代，不能满足日益变化的市场需求。诸如此类，都充分反映出设计教育向应用型转变是课程改革的大势所趋。

本书将"版式设计"与"宣传品设计"课程合二为一，通过逻辑性地编排，让两门课程的知识内容能够适时更新并形成体系，更好地满足新时代教学与实践的需求。本书剔除了宣传品设计中所涉及的版式设计的理论知识，让宣传品设计的知识体系更加精练易懂的同时，也强化了版式设计知识体系的应用性与实践性；此外，本书在追溯版式设计发展历程的基础上，以前瞻性的设计视野分别探讨了版式与宣传品设计的未来发展趋势，凸显了时代进步、技术革新、需求转变与观念变革对于版式与宣传品设计的影响，期望能以饱含智慧与激情的专业精神，为版式与宣传品设计的教学开启一片新天地。

目录
CONTENTS

课时计划

建议 96 课时，其中讲授课时 36，实训课时 60

教学单元	教学内容	讲授课时	实训课时
第一单元	版式设计概述	4	6
第二单元	版式设计的构成要素	8	10
第三单元	版式设计的视觉表现	8	10
第四单元	版式设计的应用	4	6
第五单元	宣传品设计概述	6	4
第六单元	宣传品设计	6	24
合计		36	60
		96	

二维码资源目录

第一单元

版式设计概述

BANSHI YU
XUANCHUANPIN
SHEJI 版式与宣传品设计

教学目的

通过本单元的学习，使学生理解版式设计的概念和作用，认识版式设计对于视觉设计的重要性，同时了解在版式设计发展历程中产生的多样化的版面编排风格。

重难点

重点： 版式设计的概念、版式设计的原则

难点： 版式设计的原则

一、初识版式设计

在日常生活中，随处可见的包装、广告、书籍、网页、APP 界面等信息媒介上充斥着大量供人浏览的版面，在这些版面上，我们往往能看到许多精美的图片、变化丰富的形状、各式各样的文字……这些元素在版面上呈现出或大或小、或繁或简、或明或暗的状态，又以形形色色的方式分布，构成了千姿百态的版面效果。版面的尺寸、元素的变化、编排的方式，我们引以为傲的各类新颖美观的设计作品，都离不开版式设计。

（一）版面构成与版式设计

"版面"是一个承载信息的有限的二维空间，是所有视觉设计作品版式设计的载体。版面的"构成"应当从两个方面理解：第一，从构成要素的角度来说，点、线、面、空间、肌理是造型元素，图形、文字和色彩是信息要素，所有视觉设计作品的版面都是由造型元素与信息要素构成（图1-1）；第二，从版面构成结构的角度来说，在一个版面中，承载主要的文字、图形等视觉要素

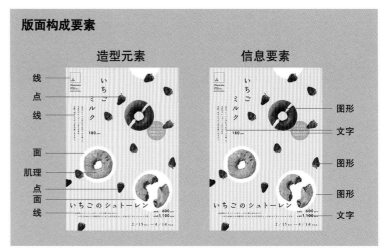

图1-1 版面构成要素示意图

图1-2 版面构成结构示意图

招贴

杂志

网页 手机界面

书籍

包装

视频广告 游戏界面

广告

报纸

汽车界面 视频栏目

图 1-3 传统媒体中的版式

图 1-4 数字媒体中的版式

的区域叫"版心",版心四周与版面边缘的空白距离就是"页边距"(图1-2)。

在了解了版面构成的基础上,版式的概念就易于理解了。"版"即版面,"式"即样式,"版式"是指设计作品的版面形式,具体表现为版面的开本尺寸与布局样式,视觉元素的处理与编排的方法等内容。归结而言,版式设计就是在限定的版面上,综合考虑上述所有因素,将所需的视觉元素按照一定的逻辑进行有目的的排列组合,使版面在有效传达信息的同时,具备较高的审美艺术价值。

版式设计在现代设计中的应用范围极广,不仅在杂志、书籍、包装、品牌形象、招贴、广告、报纸等以印刷为媒介的传统媒体中随处可见,同时在网页、APP界面、视频栏目、游戏界面等新兴的数字媒体中也不可或缺。(图1-3、图1-4)

（二）版式设计的作用

我们每天都能接触到大量的版式，优秀的版式一目了然、趣味横生，阅读起来如行云流水、津津有味；而拙劣的版式枯燥乏味、乱七八糟，让人看后云里雾里、无从下手。版式设计作为视觉传达的一种重要手段，必须要达到有效传递信息、提升视觉体验的作用。归结而言，版式设计的作用主要体现在以下两个方面：

第一，快速、准确地传递设计作品的信息内容是版式设计的首要作用。版面是信息展示的平台，因此版式设计的核心是传播力，能够准确、流畅、形象、鲜明地传递信息是衡量版式设计传播力的重要标准。设计师在编排版式时，要对信息内容进行梳理，对表述逻辑进行探讨，对重点信息加以突出，这样才能实现信息的有效传达。（图1-5）

第二，营造设计作品的视觉美感是版式设计的第二个作用。在众多的设计作品中，只有具备视觉美感和趣味性的版面，才能得到受众的青睐与关注，在有限的时间内给受众留下良好的印象，提升版面信息传达的有效性。为此，设计师要根据版面的内容、信息的类型、受众的喜好等，营造出极具审美感的版面效果，在准确传递信息的同时，赋予设计作品人文关怀的力量。（图1-6）

码1-1 版式设计的作用

图1-5 usmile 漱口水电商详情页
该详情页产品与广告语重点突出，产品特点罗列清楚明了，信息传达快速、准确。

图1-6 青岛啤酒白啤包装——潘虎设计作品，获得2020年度德国红点设计奖
该作品使用经典的衬线字体、精美的黑白手绘图形、浅洁典雅的配色构成包装版面，极具视觉美感。

二、版式设计的发展演变

　　作为归属现代设计领域的专业名词，版式设计早在文字出现的早期便有了生发的基础。版式设计伴随着各类传播媒介的发展而发展，它见证了人类尝试利用图文组合传播信息的历史，也是历史进程中各种艺术思潮探索的成果印迹。因此，版式设计是人类文明进步不可或缺的重要推动力量。探究版式设计的发展演变历程不仅有助于深入了解版式设计的作用与内涵，也是学习版式设计极为重要的理论基础。

（一）版式的原始形态——古典构成方法

1. 版式设计的源起

　　大约在公元前3500年的古巴比伦，苏美尔人使用削尖的芦苇秆或木棒在软泥板上刻写，创制了"楔形文字"。之后的两千年间，楔形文字一直是美索不达米亚唯一的文字体系，由它构成的版面大多画有明确的分割线，文字刻画整齐规范，最具代表的版面就是《汉谟拉比法典》。（图1-7）

　　公元前3200年，古埃及人创造了以图形为核心的象形文字"圣书体"。圣书体被广泛使用在象牙雕刻、石刻和纸草文书中，其中，埃及文书里被书写在纸草上的圣书体通常使用横式或纵式布局，并配以装饰意味的插图，图文交映，极其精美，被视为现代平面设计的雏形。（图1-8）

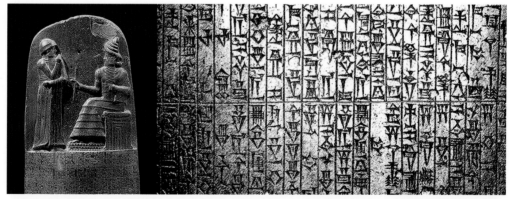

图1-7 《汉谟拉比法典》——约公元前1776年颁布

图1-8 古埃及文书穆特女神的祭司Aaner的《死者之书》（局部）——公元前1076—944年

图1-9 祭祀狩猎涂朱牛骨刻辞甲骨文及其拓片——商王武丁时期

图1-10 抄写在莎草纸上的《理想国》残片

图1-11 雕刻于建筑物上的罗马建筑铭刻体

甲骨文是迄今为止中国发现的最早的文字，距今已有3000多年的历史。这些刻画在龟甲或兽骨上的象形文字，开创了从右至左、竖排书写的汉字特有的编排方式，不仅为历代汉字书写提供了最基本的版面范例，也是早期促进汉字方块化的间接力量。（图1-9）

2. 文字体系对版式设计的影响

大约在公元前1000年，腓尼基人创造了人类历史上第一批字母文字。腓尼基字母共22个，基于字母文字的特点与阅读的需求，形成了从左至右横向书写的版面布局。希腊字母传入罗马后，经过当地人的改良发展出了今天的拉丁字母的雏形。罗马时期的版面编排非常规范，字母排列相当紧密，多为对称式排列，版面庄重典雅。

在黑暗的欧洲中世纪时期，教会将古典时代的书籍、抄本都付之一炬，仅留下了各种精美的《圣经》手抄本和其他福音著作。这些手抄本多用长方形的羊皮纸书写，不同于莎草纸卷轴状的结构，版式布局也随之产生了一定的变化。当时的手抄本为了适应羊皮纸流畅书写的需求，字母渐渐由大写体过渡为小写体，字形也更偏向曲线，这就是著名的安设尔体。同时，在手抄本的设计中，华丽的插图和繁复的大写首字母组合出现在精致的扉页中，呈现出明显的装饰意味。（图1-10至图1-12）

中国商周时期，铸于青铜器之上的"金文"也对汉字的编排方式产生了一定的影响。金文又称钟鼎文，其内容大多是颂扬祖先及王侯们的功绩，也记录了一些重大历史事件，反映社会生活，因此其编排方式更讲究秩序，间距要求严格，版式显得整齐遒丽、古朴厚重。（图1-13）

简策出现在商周时期，是春秋至魏晋时期极为重要的书写材料，也是我国历史上使用时间最长的书籍形式。人们将竹木劈成等宽的细条，书写后编连成册。简策的出现，彻底奠定了汉字从上至下纵向书写和阅读的版面形式。但由于简策太重，不便于使用和搬运，于是人们又发现了绢帛可以替代简策书写，帛书应运而生。帛书的版面编排沿用了简策的书写规律，所书文字分为有框线和无框线两种。帛书虽然轻便，但难以保存、价格昂贵，所以未在民间得到普及。它为后人对书写材料以及版式编排的探索提供了一个方向。（图1-14、图1-15）

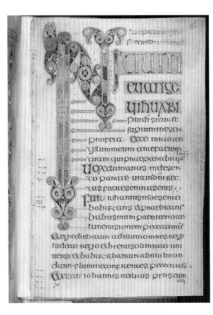

图1-12 公元680年的《都罗之书》，其首字母的装饰精美绝伦

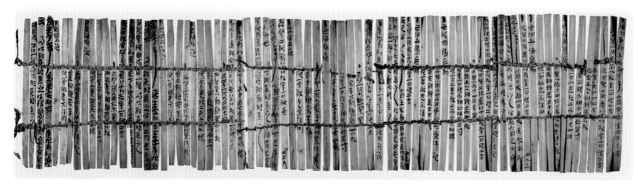

图1-14 东汉永元五年至七年（公元93—95年）草书简牍《永元器物簿》

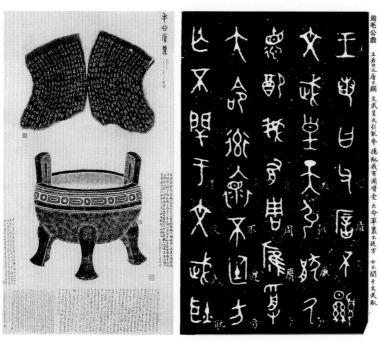

图1-13 周宣王时铸成的"毛公鼎"及其拓片上的金文，其铭文共32行，497字，是出土的青铜器中铭文最长者

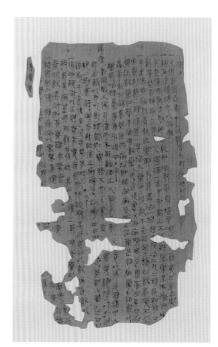

图1-15 马王堆汉墓出土的最早医学文献帛书

3. 古代印刷术对版式设计的影响

西汉时期中国就已经有了造纸术，在东汉时期造纸技术更是得以改进和推广开来，自此之后，纸张便成了最主要的书写载体。印刷术在先秦时就以泥封印章的形式存在，之后历经雕版木印、碑石拓印等形式，逐渐走向成熟。现存最早的雕版印刷品是唐代的《金刚经》，印刷于公元868年，它采用整块木板雕刻而成，版面编排工整有序，图文并茂。（图1-16）

图1-16 唐代的佛教经文《金刚经》

在北宋时期毕昇发明了活字印刷术后，书籍的版面编排变得更加灵活多变，但为了提高印刷效率，书籍的版式保持了相对的统一，排版方式也始终保持从右至左的竖式编排。（图1-17）

造纸术和印刷术的进步推动了欧洲印刷和版式设计的发展。15世纪，德国人约翰·古登堡（Johannes Gutenberg）发明了金属活字印刷术后，欧洲各国的印刷工厂如雨后春笋般涌现，当时的书籍印刷常用不同的版拼合而成，插图采用大小不同的木刻版，文字采用金属活字版，这样的活版印刷技术使书籍的版面更加灵活多变，能够适应不同的书籍类型。（图1-18）

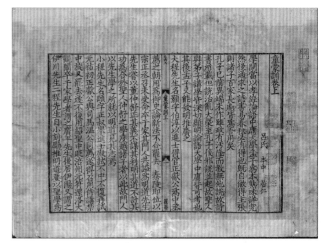

图1-17 《童蒙训》宋绍定二年（1229年）李埴寿州刊本

图1-18 约翰·古登堡与金属活字印刷

图1-19 文艺复兴时期版面和意大利袖珍本

欧洲的文艺复兴始于14世纪，至16世纪达到顶峰，这是一次思想文化的大繁荣、大发展。这一时期出版的书籍偏爱使用装饰性图案，采用横向和纵向的编排方式，布局工整，许多方面已接近现代排版方式，易于阅读。1501年，意大利的阿尔杜斯·马努蒂乌斯（Aldus Manutius）发明了名为"口袋本"的袖珍尺寸书籍，便于日常携带。（图1-19）

图1-20 维多利亚时期药店的门头设计，约1835年

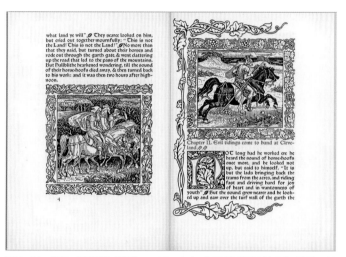

图1-21 威廉·莫里斯（William Morris）《呼啸平原的故事》书籍，英国工艺美术运动风格的集中体现，1894年

图1-22 "现代海报之父"亚美尔·谢列特（Aimé-Jules Cheret）设计的《巴尔·瓦伦蒂诺》海报，1896年

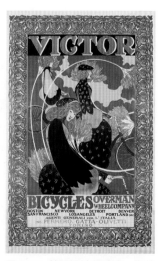

图1-23 美国设计师威廉·布莱德利（William Bradley）为奥弗曼公司的维克多牌自行车设计的海报，1896年

（二）版式的技术发展——工业时代版面

1. 工业革命对版式设计的推动

18世纪60年代，英国掀起了改变世界的第一次工业革命。工业革命极大地促进了生产力的发展，在设计界，新的发明创造层出不穷：大量新设计字体的出现，对欧洲版式设计起到了巨大的推动作用；印刷技术和造纸技术取得了革命性的进步，印刷效率大大提升；排版手段不断机械化，改变了手工排版的落后局面；摄影技术被应用于印刷业中，促进了照相制版技术的出现与发展，取代了大量手工制作的版面插图。这些新发明、新技术、新手段，不仅为版式设计提供了物质与技术上的支持，也给社会带来了巨大的设计需求。

这一时期，英国的文化艺术也十分繁荣，版面风格追求华贵繁复，彩色石版印刷术的发明也为这种风格提供了技术支撑。字体设计方面广泛使用复杂花哨的效果，版面设计喜爱添加装饰花纹。这个阶段的艺术风格极大地促进了字体设计和插图设计的多元化发展。（图1-20）

2. 艺术运动对版式设计的探索

19世纪下半叶，工业革命对文化艺术带来了巨大影响，设计师们在英国兴起了一场大规模的风格运动——"工艺美术运动"。工艺美术运动时期的版式设计借鉴了意大利文艺复兴时期的哥特风格，广泛采用植物的纹样和自然形态作为图形元素，在保留装饰图案的同时也注重了信息的传达，逐渐形成了一种新的设计风格和艺术品位，为新艺术运动出现奠定了基础。（图1-21）

"新艺术运动"是19世纪末、20世纪初产生和发展起来的一次影响巨大的装饰艺术运动。新艺术运动强调自然主义的设计主张，使得当时的版式设计大量运用曲线装饰，突出以动植物为中心的装饰图案的运用，形成了新艺术运动典型的风格特征。这种形式特点鲜明的设计风格产生于法国，并以燎原之势席卷了欧美各国，最终结出了累累硕果：法国的海报招贴优雅浪漫，英国的插图线条自由流畅，美国的书籍杂志风格强烈，比利时的广告海报自然柔美，德国的杂志插图典雅精妙……无不显示了新艺术运动的艺术家们对版式设计的多元化探索。（图1-22、图1-23）

（三）版式的变革探索——现代主义版式

20 世纪初期，欧洲和美国相继出现了一系列的设计探索和改革运动，在精神思想、技术材料、设计形式上都进行了一次大规模的革新，我们称之为"现代主义设计运动"。在此期间，涌现了查尔斯·马金托什（Charles Rennie Mackintosh）、"格拉斯哥四人派"、维也纳"分离派"、彼得·贝伦斯（Peter Behrens）和德国工业同盟等诸多优秀的设计师和设计团体，他们不断尝试着新的设计风格和设计手法，同时立体主义、未来主义、达达主义等艺术流派也给设计领域带来了新鲜的设计思想，为现代主义的发展开辟了新的道路。

1. 俄国构成主义的几何版式

俄国构成主义是俄国十月革命之后出现的艺术和设计探索运动，主要代表人物是埃尔·利西茨基（El Lissitzky）和亚历山大·罗钦可（Alexander Rodchenko）。构成主义的版式设计追求简单明确的设计风格，编排上采用理性简洁的几何形态构成图形，字体全部使用无衬线体，色彩对比强烈。另外，构成主义的设计师们善用照片剪贴来设计插图和海报，广泛用于当时的政治宣传品上，宣传效果显著。俄国构成主义对于字体、版式、拼贴和照片剪贴的探索，影响了许多欧洲国家，对现代版式设计的发展起到了很大的推动作用。（图 1-24、图 1-25）

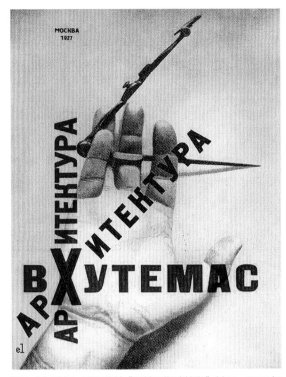

图 1-24 埃尔·利西茨基《呼捷玛斯建筑学》封面，1927 年

图 1-25 亚历山大·罗钦可为国家出版社 Gosizdat 设计的广告，1924 年

图 1-26 维尔莫斯·胡扎（Vilmos Huszar）设计的《风格》杂志封面，1917 年

2. 荷兰风格派的横纵版式

荷兰的风格派运动是与俄国构成主义运动并驾齐驱的一个重要现代主义设计运动，形成于 1917 年，主要代表人物是西奥·凡·杜斯伯格（Theo van Doesburg）和皮特·蒙德里安（Piet Mondrian）。荷兰风格派的主要阵地是《风格》杂志，该杂志的版式设计高度理性，采用横纵编排的非对称编排方式，追求一定的视觉平衡。字体全部使用无衬线体，装饰图形几乎全部采用黑白方块和由方块构成的字母。（图 1-26）

3. 包豪斯学院的理性版式（包豪斯设计风格）

1919 年，德国著名建筑家沃尔特·格罗佩斯（Walter Gropius）在德国魏玛市建立了"国立包豪斯学院"，是欧洲现代主义设计集大成的核心院校。这所学校集中了 20 世纪初欧洲各国对于设计的探索和实验成果，将欧洲的现代主义设计运动推到了一个空前的高度。最具突出贡献的代表人物是莫霍利·纳吉（Moholy Nagy）和赫伯特·拜耶（Herbert Bayer）。包豪斯学院的版式设计强调严谨的几何结构，搭配简洁的无衬线体，摒弃任何装饰图形，具有高度理性化、功能化的特征。（图 1-27、图 1-28）

图 1-27 包豪斯展览的海报，1923 年

图 1-28 康定斯基 60 年展览海报——赫伯特·拜耶

（四）版式的时代洪流——当代版式设计

1. 功能主义版式的兴起

20世纪50年代，一种崭新的平面设计风格在西德与瑞士兴起，这种风格强调功能主义，力求简洁明确，很快席卷全球，成为二战后国际上影响最大的一种平面设计风格，因此被称为"国际主义平面设计风格"。国际主义平面设计风格力图通过简单的网格和近乎标准化的版面公式，达到设计上的统一性。直到现在，国际主义风格依然是版式设计的主流风格之一，但国际主义风格程式化、标准化的版面形式容易给人以千篇一律、单调乏味的感受，因此也常被反对功能主义、追求视觉个性的设计师们所诟病。（图1-29）

2. 折中派的版式追求

在20世纪30年代以前，美国的平面设计远远落后于欧洲各国，后来欧洲的大批现代平面设计师们为了躲避战乱逃往美国，带去了先进的平面设计风格和思想，从而刺激了美国现代平面设计的发展。美国设计界一方面接受理性有序的欧洲平面设计风格，另一方面又对欧洲的平面设计风格进行本土化的改良，以求符合美国大众的审美，由此形成了美国自己的现代主义设计风格，主要代表人物有保罗·兰德（Paul Rand）和阿尔温·鲁斯提格（Alvin Lustig）等，他们认为版式设计既要遵循功能主义、理性主义的版面结构，又要达到生动有趣、强烈丰富的视觉效果。（图1-30）

3. 后现代主义的质疑

20世纪70年代前后，美国兴起了后现代主义设计运动。所谓"后现代主义"平面设计，其实是对现代主义的一个改良，虽然没有完全推翻理性和功能至上的现代主义，但后现代主义更加重视形式主义和装饰主义，钟情于鲜明亮丽的色彩，主张使用各种装饰手法来丰富版面的视觉效果，偏爱具有变化性的多元版面形式。归结而言，后现代主义开创了新装饰主义的新阶段。（图1-31）

图1-29 安东尼·弗洛斯豪格（Anthony Froshaug）设计的乌尔姆学院校刊，1959年

图1-30 保罗·兰德设计的西屋公司寻找新设计师的广告，1962年

图1-31 《纽约杂志》关于孟菲斯风格设计的报道，1982年

4. 自由主义版式的反叛

20世纪70年代末到80年代初美国人戴维·卡森（David Carson）创造的自由版式设计是相对于古典主义版面和网格设计而言的一种新型版面编排方式，他并不遵循国际主义风格所提倡的网格秩序，反而倡导版面中的元素自由组合编排，弥补了理性主义的网格设计在情感和个性上的不足。戴维·卡森设计的版面字体多样且对其进行图形化处理，视觉元素摆放随意，擅用摄影图像，视觉元素之间常常叠加编排。他的版式设计完全打破旧的规律，寻求新的解决视觉问题的办法，是当时出现的极具前卫意识的版面形式。（图1-32）

其实自由的版面编排方式早在20世纪初的艺术流派中就已经出现了。当时，意大利未来主义奠基人菲利波·马里内蒂（Filiberto Menna）撰写了大量故意违反语法规则和句法规则的诗歌，并推翻所有的传统排版方式，选择多种多样的字体将诗歌杂乱无章地排在版面上，形成一个完全混乱的、无政府主义的形式，这种平面设计风格被称为"自由文字"风格。（图1-33）

图1-32 戴维·卡森设计的 *Beach Culture* 杂志封面

图1-33 菲利波的诗歌

5. 独具东方魅力的版式崛起

现代平面设计发展和演变的主阵地是欧美各国，东方各国一直深受欧美风格的影响，直到20世纪五六十年代，在"日本现代设计之父"龟仓雄策（Kamekura Yusaku）的带领下，日本设计师们才开始探索本民族的设计之道。他们不断尝试在保留国际平面设计的视觉规范的基础上，融入日本的民族精神与传统文化，经过几十年的发展，在国际平面设计界形成了独树一帜的版面风格。（图1-34）

20世纪70年代前后，中国香港设计界涌现出了如石汉瑞、靳埭强、李永铨等一大批优秀平面设计师，把中国的民族特征和国际化版面设计风格巧妙融合，形成了独具中国传统气韵，又不失国际化的版面风格。（图1-35）

21世纪，中国经济的不断发展为中国设计创造了无限的发展空间，中华民族5000年的悠久传统文化为版式设计的发展提供了新的思路与途径。

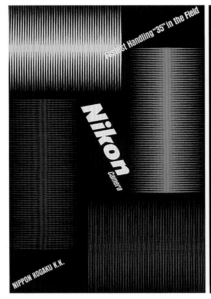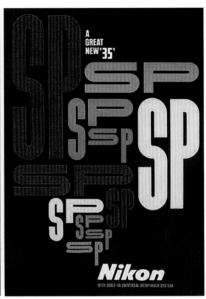

图1-34 龟仓雄策设计的尼康海报

码1-2 版式设计的发展演变

图1-35 靳埭强的海报设计，将中国传统水墨元素融入现代设计之中

6. 新时代的版式迭代

20世纪90年代以来，电脑逐渐得到普及，各类版面编排软件、图像处理软件、三维建模软件、动态图形制作软件广泛应用，加上扫描仪、印刷机等硬件设备的发展，完全改变了传统的版式设计方式。再加上信息传播媒介的不断发展，层出不穷的新媒体改变了人们的阅读方式，版式设计也有了更多的发展空间。因此，版式设计也必须与时俱进，不断适应新时代发展。（图1-36、图1-37）

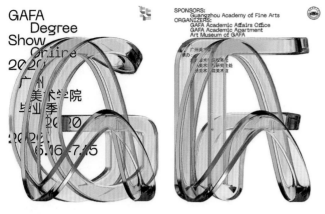

图 1-36 广州美术学院 2020 年毕业展海报，3D 软件制作的具有动态变化的玻璃质感文字

图 1-37 故宫博物院网站首页

三、版式设计的原则

版式设计的原则是以视知觉和阅读行为的逻辑习惯为根据，以视觉元素的处理和编排为手段，以最大限度发挥版式设计传递信息和提升审美的作用为目的，而制定的符合时代特征和相关需求的设计标准。归结而言，版式设计的原则主要包括主题与中心突出、内容与形式统一、理性与感性结合、局部与整体协调四个要点。

（一）一目了然——主题与中心突出

主题与中心突出的原则，是指版面主题明确、中心突出，版面效果清晰明了，版面信息易于受众阅读和理解。其中，主题是指版面中阐述的核心内容，中心是指版面中最重要的视觉区域，该原则要求在编排处理所有元素时都要以突出这两点为目的，形成众星捧月的版面效果。

进行版式设计时，应当提炼主题内容，梳理视觉元素之间的主次关系，按照逻辑顺序对其进行组织和排列，使元素之间层级分明。同时，将核心主题元素置于版面的视觉中心点，再通过色彩、大小、繁简等对比方式加以突出强调，有效引导受众的阅读流程，让受众对主题内容和版面重心一目了然。（图 1-38、图 1-39）

图 1-38 蒙牛"神仙"系列奥运会助威装产品广告

图 1-39 健力宝微泡水包装

图 1-40 2021 年草莓音乐节主视觉海报

（二）表里如一 ——内容与形式统一

内容与形式统一的原则，是指版面形式要能够完全服从于内容的需要，最终形成内容与形式统一的版面效果。信息内容是一个版面的内核，表现形式则是内容的外在形式，该原则要求版式设计的视觉风格和设计手法要能够贴切地展现信息内容，使信息得到更准确地传达，达到表里如一、形神兼具的版面效果。

进行版式设计时，要满足这一原则，首先应当充分理解信息内容，把握内容主题，利用图形、文字、色彩三要素来烘托主题，强化内容表现；其次，通过了解受众的认知能力和阅读习惯，利用合适的编排逻辑和版面形式，强化版面的内容与形式统一，帮助受众更好地理解信息。（图 1-40、图 1-41）

图 1-41 京东世界杯大促活动界面

图 1-42 京东超市吃货狂欢节网页

图 1-43 中国台湾偶戏海报

（三）齐驱并进——理性与感性结合

理性与感性结合的原则，是指通过版式设计，使设计作品具备既严谨有序又富于情感的版面效果。理性的设计能编排出缜密精确的视觉效果和阅读逻辑，而感性的设计则造就出以情动人的视觉感受和阅读体验，该原则要求版式设计不仅要有理性的考量，也要有情感的流露和艺术性的创作，从而达到秩序与情绪交相辉映的版式效果。

进行版式设计时，要运用理性的编排方法优化版面信息传达的功能，如运用黄金比例、九分法等划分版面空间，分析色相、明度、纯度等色彩原理，合理搭配版面色彩，制作网格等参考线来规整版面元素；同时，也要体味版面意欲表达的情绪氛围，从字体设计、色彩性格、图形风格中发掘情感倾向，对视觉元素进行创意与修饰，给受众以美的心理感受。（图 1-42、图 1-43）

（四）化零为整——局部与整体协调

局部与整体协调的原则，是指在版面中所有视觉元素编排统一有序，能够和谐共处，版面效果清晰有序、和谐悦目。在版面中，每个视觉元素或元素组都是一个局部，若干个局部组合而成的版面是一个整体。该原则要求我们设计每个局部时都应考虑其对整体版面的作用和影响，强化整体统一与部分协调的版式效果。

进行版式设计时，首先要确立版面的整体风格，统筹规划所有视觉元素的表现形式和大小布局，使局部要素趋于整体统一的状态；其次，要在多个视觉元素之间建立设计关联性，通过调整空间、色彩、形状和肌理等属性来加强视觉元素之间的联系，以整体的力量连贯版面元素，突出局部统一和整体协调的版面效果。（图 1-44、图 1-45）

码 1-3 版式
设计的原则

图1-44 极具空间感的展览海报

图1-45 孟菲斯风格的艺术活动海报

实训练习

1. 收集优秀版式设计作品

（1）实训内容

分别收集传统媒介和数字媒体两个领域的优秀的版式设计作品，并进行鉴赏分析。

传统媒介包含报纸、杂志、书籍、包装、品牌形象、招贴等。数字媒体包含网页、电子招贴、APP界面、视频、电视广告等。

（2）实训目的

通过收集不同媒体领域的优秀版式设计作品来提升学生的审美，强化学生对于版式设计重要性的理解。

2. 版式设计分析练习

（1）实训内容

三位同学一组，每组选择一本纸质书籍的一个内页、一张报纸进行测量与分析，按照实际尺寸将页面的版式编排绘制于白纸上，分析版面的布局、行距、段距，并使用字号表对照测量页面中的每个文字的点数，体会不同的版面编排时的图文分布、节奏关系、字号处理。

（2）实训目的

学生通过分析实体页面的版式，总结版面编排的规律，熟练掌握字号表的使用，加深对于版式设计的认识深度。

码1-4 实训练习

第二单元

版式设计的构成要素

BANSHI YU
XUANCHUANPIN
SHEJI 版式与宣传品设计

教学目的

　　通过本单元的教学，使学生系统掌握版式设计的造型要素——点、线、面、空间、肌理的构成方式，同时掌握版式设计的信息要素——文字、图形、色彩的编排规则，并在编排版式时能根据版式需求调整好版面的版面率与图版率。

重难点

　　重点： 版式设计中的造型元素、版式设计中的信息要素
　　难点： 版式设计中的造型元素、图版构成

一、版式设计中的造型元素

　　点、线、面是版式设计的主要造型元素。当我们将视觉元素全部归纳为点、线、面去丈量和审视一个版面时，我们所关注的就不再是具体的某个字体、某张图片，而是从信息传播和视觉审美的角度去分析版式的整体布局、形状比例、数量多少、面积大小、虚实关系、空间层次，如此，我们便触摸到了版面构成形式的本质。

　　学会从点、线、面的视角去解构与重组版式设计中的视觉元素，就像绘画中的构图一样至关重要，是版式设计的首要步骤。此外，点、线、面的元素之间可相互转换，具有变化性，点连续编排能成线，聚集编排则成面；线密集编织能成面，重复编排亦成面，三者在版面中的表现形式属于相对的关系。

　　除了点、线、面等主要元素以外，版式设计中还存在着空间、肌理这两种辅助造型元素。版面中的空间即主体造型元素的负形，它们环绕在点、线、面的周围，穿梭于点、线、面的缝隙中，无处不在。虚体的空间与实体的点、线、面形成对比，利于衬托主体元素。版面中的肌理附着于平面化的点、线、面之上，增加造型质感，是二维空间中连通视觉与触觉的桥梁。空间与肌理也是版式设计的重要组成部分，它们与点、线、面相互制衡又相得益彰，共同构成一幅幅适读、易懂、精致、美观的版式画卷。（图2-1）

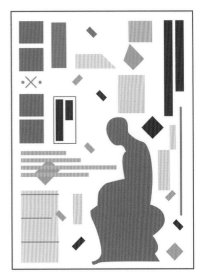

图2-1 版面中的点、线、面解构示意图

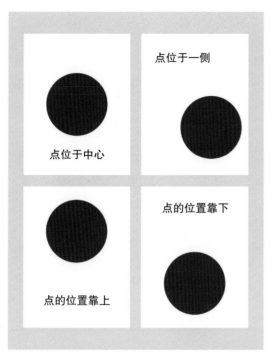

图2-2 点的位置

（一）跳跃的精灵——版面中的点

在版式设计中，点是最基本的造型要素，它们如同一个个形态各异的精灵般活跃在版面中，可大可小，可疏可密。版式设计中的"点"并非几何意义上的点，而是指版面中任何一个单独的视觉元素，如版面中的单个标志、符号、文字、图形，都能以点的形式来进行编排。并且，点的摆放位置、数量多少、大小差异、排列组合都对版面编排造成影响。

1. 点的位置

在大部分简洁的版面中，占据面积最大的点容易引起视觉关注，形成视觉中心，它的位置往往能决定版式的视觉效果。当点的位置处于版面正中心时，整个版式会给人以静止、稳定的感觉；当点的位置偏于版面一侧时，版式则会给人以倾斜、灵活的感受；当点的位置置于版面上部时，整个版式会给人以上升、积极的感觉；当点的位置沉于版面下方时，版式则会给人以下降、消极的感受。（图2-2）

2. 点的数量

版面中点的数量通常能影响版面的效果，或丰富，或简洁。点的数量越多，版面构成就显得越复杂，效果越丰富；反之，版面构成则相对简单，效果越简洁。（图2-3、图2-4）

图2-3 点的数量较少的版面视觉效果简单

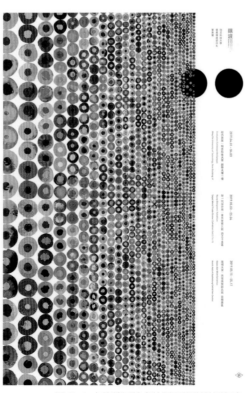

图2-4 点的数量较多的版面视觉效果复杂

3. 点的大小

版面中点元素有大有小，其中较大的点更容易聚焦视线，较小的点则能够形成点缀。因此较大的点构建了版面的视觉中心，可以在该位置上编排重要的信息。合理运用点的大小变化，能够丰富版面的视觉效果和层次，突出版面的节奏感。当版面中点的大小趋于一致时，版面效果相对整齐、平淡；当版面中的点有明显的大小变化时，版面则显得活泼生动。（图2-5）

4. 点的排列

将点以不同的方式排列起来也会给人带来不同的视觉体验，传达出不一样的心理感受，同时形成特殊的空间效果。整齐与重复排列的点呈现简单明了、清晰直观的版面效果；聚合与放射排列的点能够形成空间立体的版面效果和强烈的视觉冲击；自由与散状排列的点呈现活泼跳跃、灵动生机的版面效果。（图2-6、图2-7）

（二）流动的旋律——版面中的线

版式设计中的"线"不同于几何学中仅表示长短和方向的线，它还是包含在版面中所有拥有线的形态的视觉元素，如一行文字、一串图标、一排图形，都可以被看作"线"。版式设计中的线有长短、粗细、方向之特点，有曲直、虚实、明暗之变化，如旋律般在版面中流动穿梭，或激昂、或隐秘、或强硬、或婉转，能够给受众带来完全不同的视觉体验与心理感受。

图 2-5 果壳文创集市海报——多个点的大小不一使版面轻松活跃

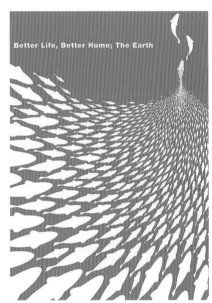

图 2-6 保护环境公益海报——聚合排列的点构成的版面

图 2-7 你好大海设计作品《木山归芽》品牌包装——自由与散状排列的点构成的版面

图 2-8 不同粗细的线力度不同　　　　图 2-9 不同方向的线性格不同

图 2-10 直线为主的版式较为直白

图 2-11 曲线为主的版式较为柔和

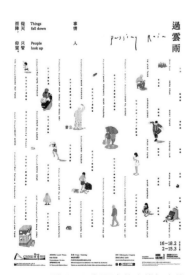

图 2-12 版面中的实线与虚线

图 2-13 版面中的明线与暗线

1. 线的属性

线的属性指版式设计中的线具有长短、粗细、方向等特点。不同长短的线在版面中具备不同的作用，较长的线具有划分版面空间的功能，较短的线则用于提示重要的信息。不同粗细的线在版面中的力度不同，粗线在版面中更为跳跃，具有力量和厚重的特征；细线则更安静，具有精致和典雅的特征。不同方向的线性格不同，横纵向的线在版面中趋于稳定，斜向的线在版面中则更为活泼。（图 2-8、图 2-9）

2. 线的样式

线的样式指版式设计的线具有曲直、虚实、明暗等方面的变化。具体而言，版式设计中的线主要包括曲线与直线、虚线与实线、明线与暗线几种基本的线条样式。线的曲直营造不同的情感倾向，直线更有张力，以直线为主的版面直白有力；曲线则更为柔美，以曲线为主的版面婉转优雅。线的虚实能够建立起版面的层级关系，实线在版面中更明显，具有强化作用，虚线的视觉效果则明显弱于实线，处于较为次要的层级。线的明暗能够调动版面的节奏变化，明线清晰可见，而暗线则要靠受众感知，这两者相辅相成，潜移默化地调节着版面的强弱对比。（图 2-10 至图 2-13）

3. 线的作用

线的多样性使得它在版面中承担着多重作用。第一，线能分割版面。当版面信息量较大时，使用线条可以有效切分版面的空间，将信息群组化编排，强化版面的组织关系。第二，线能强调重点。合理使用粗细、虚实、明暗不同的线条，能够在版面中起到提示作用，明确视觉元素之间的主次关系。第三，线能指示方向。人的视线习惯顺着线性元素移动，因此线条能引导整个版面的视觉流程。第四，线能串联元素。将版面中多个元素使用线条连接起来，能达到表达元素之间的逻辑关系、加强元素之间联系的效果。第五，线能塑造空间。当版面中的线遵循三维空间构成关系进行编排时，如放射状线条、渐变式线条、透视性线条等编排形式，能在二维版面中塑造三维立体空间的效果，营造极具现代感的版式风格。（图 2-14 至图 2-17）

（三）分割的界域——版面中的面

版式设计中的"面"可以是一个色块、一张图片、一段文字等任何一个或一组所占面积较大的元素。面性元素在版面中具有较强的视觉量感，容易成为版面的视觉重心，对版面构成的影响也更大。面有形状、大小、虚实、前后的变化，它们在版面中承担着划分板块区域、丰富版面层次、装饰版面空间的作用。

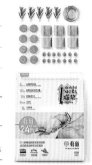

图 2-14 线能分割版面

图 2-15 线能强调重点

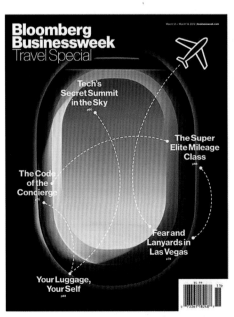

图 2-16 线能指示方向

图 2-17 放射状线条构成具有空间的版式效果

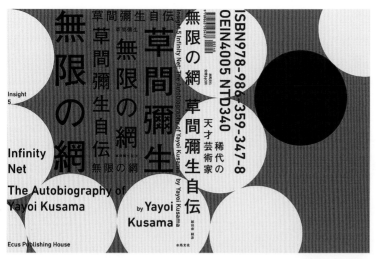

图 2-18 草间弥生《无限的网》书籍封面——使用艺术作品中具有代表性的波点面形进行编排

图 2-19 "民艺中国器物系列展"海报——使用不规则形的民间器物构成版面

图 2-20 "青春·观·世界"主题展览海报——使用大小、形状不同的面互相叠加编排，层次丰富，视觉效果强烈

1. 面的属性

　　形状是面最具变化的属性，不同的形状的面拥有不同的性格特征。版式中的面可以分为几何形面和不规则形面，几何形面构成规整有序的版面，不规则形面则构成灵动自由的版面。几何形面有矩形、三角形、圆形、多边形、星形和由几何形组合而成的规则形状，矩形的面给人以稳定、规矩感，三角形的面给人以冲突、新锐感，圆形的面给人以融洽、饱满感，星形的面给人以活跃、趣味感。不规则形面可分为具象形面和抽象形面，具象形面容易被识别和理解，抽象形面则给人以自由多变的现代感。（图 2-18、图 2-19）

　　还可以对面进行大小、虚实、前后等编排变化，调整版面中面与面之间的大小、虚实和前后关系能打造多种样式的版面。块面大小统一的版式趋向简洁齐整，块面大小不一的版式凸显变化跳跃；块面之间具有虚实变化的版式主次分明、有轻有重；块面前后叠加的版式能形成富有变化的空间层次感。（图 2-20、图 2-21）

图 2-21 台北教育大学艺术与造型设计学系毕业展 banner——将文字元素通过大小、虚实变化制造块面之间由远及近的层次关系

图2-22 面能分割版面

图2-23 黄海设计的《道士下山》电影海报，将山体的边缘制作成葫芦的形状，形成正负形的创意版面

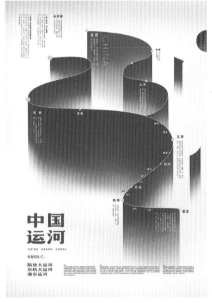

图2-24 "中国运河"主题版式，将渐变的面扭曲、翻转形成三维的空间

（四）想象的间隙——版面中的空间

1. 空间的含义

版式设计的空间指版面中点、线、面之外的面积区域，包含版面的背景、文字之间的间隙、形状镂空的负形等内容。版式设计中空间的处理常常借鉴中国画的"留白"技法，以无物胜有物，给人以无限的遐想。"留白"的手法能够让版面中的点、线、面互相补充，让版式布局更为清朗舒目。

2. 空间的作用

"空间"一词看似虚无缥缈，实际上对版面的构成、节奏、情感都起着重要的作用。首先，通过调控版面的空间分布能够调整版面的轻重缓急，使版面张弛有度，从而更好地衬托主体信息。留白的区域也能给予受众透气感和想象的余地，形成舒适的视觉体验。其次，调整版面空间，还能营造不一样的版式风格和形式，留白少的版面能营造出愉悦、热闹的气氛，而留白多的版面能彰显静谧、大气的风格氛围。（图2-25）

2. 面的作用

版式设计中面的作用首先是分割版面。面能将版面划分为多个区域，将视觉元素进行有效的归纳，建立起版面的条理和秩序，实现信息的高效传达。利用虚实相生的正负形的块面分割版面，还能使版面彰显趣味性与创意性。其次，面可以丰富版面的视觉层次，利用面的形状、大小和虚实的变化，能够构建版面的层级关系，打造多元化的视觉效果。同时，对面进行巧妙的重叠、翻转、扭曲等设计变化，能够打造富有动感和节奏感的立体版面空间。（图2-22至图2-24）

图2-25 原研哉《白百》书籍封面
在书籍《白百》中，原研哉列举了一百个关于"白"的各种抽象或具象化事物，阐述了与其设计理念渊源颇深的"白"的感受性。《白百》书籍封面简洁留白的版面设计与其书籍内容高度一致。

图2-26 港龙中国节气海报——使用树林的自然肌理与文字穿插设计，营造出生机勃勃的夏日氛围

图2-27 靳埭强个展《水墨为上》展览海报——使用了传统水墨的肌理设计主要字体，烘托海报主题

（五）生动的触感——版面中的肌理

1. 肌理的类型

肌理是版式设计中常用的一种辅助造型元素，它虽以平面图像的形式存在，却能通过视觉引发观者对于触觉的感知与联想。版面中的肌理主要分为自然肌理和人造肌理。自然肌理是指自然界中物质的表面纹理，如水、火、年轮、金属、云、纸张等，一般通过照相处理或建模渲染的方式运用于版面中；人造肌理是指通过人的主动行为创造的肌理，如笔刷效果、浸染效果、拓印效果、雕刻效果等。不同的肌理给人以不同的视觉与心理感受，如水的温润流畅，火的热情洋溢，金属的粗犷刚硬，云的轻盈舒适，毛刷的豪放生动，浸染的自由随机，拓印的古拙厚重……（图2-26、图2-27）

2. 肌理的作用

肌理能够装点版面，形成丰富的视觉效果，同时强化版面的视觉层次，达到润物细无声的效果。肌理用于主体视觉元素中，能够丰富主体元素的细节；用于版面背景中，能够奠定版面的整体氛围基调。但需要注意的是，肌理在版面中的使用并非越多越好，要基于版面需求适度使用，以起到锦上添花的作用。（图2-28）

图2-28 361° "跑出你的答案"活动海报——使用肌理丰富视觉效果，渲染氛围

码2-1 版式设计中的造型元素

二、版式设计中的信息要素

文字、图形、色彩是版式设计中最主要的信息要素。文字能够精确而详细地传达信息,图形是彰显作品风格的利器,色彩能够渲染意境、粉饰情感,三者在版面中彼唱此和,成就了一件件既具备功能性又具备审美性与感染力的优秀版式设计作品。

(一)信息的表达——版面中的文字

在版式设计中,文字是传递信息最准确、最翔实的一个信息要素,文字的体裁、尺度距离、编排形式都会对信息的表达、版面的构成起到至关重要的作用。同时,文字也是一种传递情感的视觉要素,能对版面的风格产生一定的影响。

1. 字体

字体是文字的外在表现形式,主要受文字的笔画结构、媒介表现、风格形式三方面影响。根据版面的整体风格和信息内容选择或设计适配的字体,能够使版面的内容与形式达到高度统一,进而使信息的传递更为顺畅、直观。版面编排中常见的字体形式有字库字体、创意字体和绘写字体。

(1)字库字体

字库字体是为数字化排版设计开发的规范化字形集合,广泛用于专业设计、印刷制作与屏幕显示。一套字库字体通常包含文字、数字和标点符号,每个文字符号既能独立使用,也能搭配组合,轻松实现复杂而精美的文本编排效果。迄今为止,已开发使用的英文字库约20万种,中文字库约3万种,极大地丰富了版式设计的字体选择。其中,中文字库字体常用的有宋体、黑体、楷体、仿宋体等,拉丁字母主要分为衬线体和无衬线体两大类型。

①宋体

宋体是随着雕版印刷技术的发展而产生的字体,具有传统、经典的特征,在版式设计中被大量运用。宋体字造型比例方正,笔画横平竖直、横细竖粗,横笔画末端和竖笔画开头呈三角状,撇笔画走势由粗到细,捺笔画则由细到粗,点笔画形如水滴。(图2-29、图2-30)

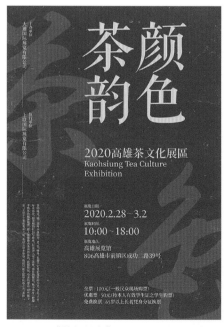

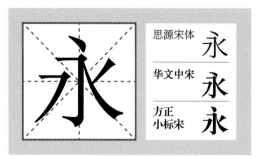

图2-29 宋体"永"字:宋体、思源宋体、华文中宋、方正小标宋

图2-30 "茶颜韵色"2020高雄茶文化展览海报——宋体为主的版面编排,风格工整雅致

②黑体

黑体是近代受到拉丁文字无衬线体影响而产生的字体，具有现代、规整的特征。黑体字与宋体字在结构上有一定的相似性，造型比例方正、笔画横平竖直，但各笔画之间粗细基本一致。（图2-31、图2-32）

图2-31 黑体"永"字：黑体、微软雅黑、思源黑体、华光标题黑

图2-32 "给家更多可能"创意生活展览海报——黑体为主的版面编排，风格现代时尚

③楷体

楷体由汉末的楷书演变而来，是通行至今一直长盛不衰的字体，具有严谨、优美的特征。楷体字造型较为端正，具有一定的软笔书写特征，笔画粗细富于变化，没有连笔。（图2-33、图2-34）

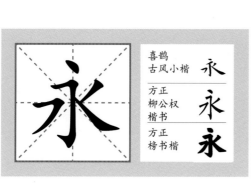

图2-33 楷体"永"字：楷体、喜鹊古风小楷、方正柳公权楷书、方正榜书楷

图2-34 《2021"一城一非遗"日历——贵州篇（蓝赏好物）》——用蜡染、箫笛等贵州特色非遗元素图案构成楷体的"贵州"二字，使版面风格极具古典气韵

④仿宋体

仿宋体是仿照宋版书的字体发展而来的，具有隽秀、清瘦的特点。仿宋体字造型比例狭长，笔画整体较细，起笔、收笔和转折都较为锐利。（图 2-35、图 2-36）

图 2-36 "蓉城之秋"成都国际音乐季"乐鸣蓉城"主题展演海报——主标题使用仿宋体，清雅秀丽

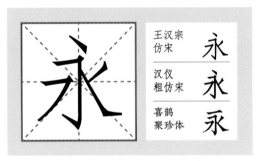

图 2-35 仿宋体"永"字：仿宋、王汉宗仿宋、汉仪粗仿宋、喜鹊聚珍体

⑤衬线体

衬线体起源于公元前100年左右的罗马，是一种在字母末端增加额外的装饰性"衬线"的字体样式，具有经典、高雅的特点。衬线体包括罗马体、哥特体、埃及体、花饰体等，其字形工整，笔画有明显的粗细变化，末端均有装饰形式。（图 2-37、图 2-38）

图 2-38 起泡酒瓶贴——使用衬线体编排，版式风格经典复古

Times New Roman

Bodoni MT   Rotunda

Rockwell   Edwardian

图 2-37 衬线体：Times New Roman、Bodoni MT、Rotunda、Rockwell、Edwardian

⑥无衬线体

无衬线体出现于19世纪初期，是为契合现代主义版式风格而出现的字体样式，无衬线体凭借着简洁、现代的笔画造型与高度的识别性被广泛使用在各类版面设计之中。无衬线体包括艾瑞亚体（Arial）、赫尔维提卡体（Helvetica）、微软雅黑（Segoe UI）等，注重字体的框架结构，笔画粗细一致，无任何装饰，非常简洁、明快。（图2-39、图2-40）

Arial   **Helvetica**

Segoe UI   **Futura**

Century Gothic

图2-39 无衬线体：Arial、Helvetica、Segoe UI、Futura、Century Gothic

图2-40 2018都柏林艺术书展海报——使用无衬线体编排，版式风格简约现代

图2-41 "流动的边界"艺术×科技展海报——主标题文字的笔画由圆柱体构成，主图形由无数点和线共同形成一个隐约的"流"字，使海报既有科技的复杂性，又有艺术的随机性

图2-42 索纳剧院 *welcome to paradise* 海报——拥有橡皮泥质感的彩色英文字母，使版面充满趣味性

（2）创意字体

创意字体是在遵循字体基本笔画结构的基础上，对文字进行字形与笔画的设计，或加以图形、肌理作为装饰的极具创意和个性的字体形式。创意字体为每个版面量身定做，比字库字体风格更为鲜明强烈，既能凸显版面的个性，又能提升设计的精致度。创意字体常用于版面中的标题文字、广告语等字数少、字号大的文字部分，不适用于正文、注解说明等篇幅大、字号小的部分。（图2-41、图2-42）

图 2-43 《观鹤记》电视剧海报——片名采用书法字体结合水墨图形的设计，版面效果古典雅致

图 2-44 活动海报——英文字体和图形均采用线描手绘方式设计，版式轻松活泼

（3）绘写字体

绘写字体是使用纸笔或数位板等工具绘画或书写而成，在字体书写规律和笔画特征基础上进行设计变化的字体类型。相对于字库字体和创意字体，绘写字体融合了各个地域、各种文化的绘写习惯与特色，形成了风格迥异的式样和写法，呈现出自然随性、艺术多元的外观效果，毛笔书法气韵浑厚、笔走龙蛇，硬笔书法干净利落、优美流畅，涂鸦文字风格多变、生动有趣……（图 2-43、图 2-44）

2. 文字的尺度

文字的尺度指字号，字号是表示文字尺寸大小的术语，字号较大的文字在版面中占比大、分量重、视觉冲击力强；字号较小的文字群化感强，精致度高，条理性较强。根据版面内容合理地调整字号大小，能使版面中的信息层级清晰、主次分明。

在计算机中，字号大小通常采用号数制和点数制来计算。点数制是国际通用的计算机文字的衡量尺度，我国则主要采用以号数制为主、点数制为辅的混合制来计量。点数制又叫磅数制，通过计算文字的外形高度为衡量标准。根据印刷行业标准的规定，字号的每一个点值的大小等于 0.35mm，误差不得超过 0.005mm。点数数值以 1、2、3 等阿拉伯数字为标注，数字越大，字就越大。号数制是我国特有的用于计算汉字铅活字大小的标准尺度。号数制数值以初号、一号、二号等汉字为标注，号数越大，字就越小。（图 2-45）

号数	点数	宋体	黑体	楷体
初号	42	版式	版式	版式
小初	36	版式	版式	版式
一号	26	版式	版式	版式
小一	24	版式	版式	版式
二号	22	版式	版式	版式
小二	18	版式	版式	版式
三号	16	版式	版式	版式
小三	15	版式	版式	版式
四号	14	版式	版式	版式
小四	12	版式	版式	版式
五号	10.5	版式	版式	版式
小五	9	版式	版式	版式
六号	7.5	版式	版式	版式
小六	6.5	版式	版式	版式

图 2-45 宋体、黑体、楷体的号数与点数对照表

3. 文字的距离

文字的距离包括字间距、行间距和段间距。在编排版面中的文字时，把握好文字的距离能使版面疏密得当、井然有序，信息展示完整清晰。

字间距是字符与字符之间的距离，行间距是行与行之间的距离，段间距是段落与段落之间的距离。文字的尺度距离对阅读的流畅性影响极大，合适的距离能够保证文字识别和阅读流程清晰明了。如果字间距、行间距、段间距过窄，文字之间互相粘连，就会干扰读者对文字的识别和阅读；反之，如果字间距、行间距、段间距过宽，文字之间毫无联系，则会破坏阅读的连贯性，也会使版面不够饱满。同时，在调整文本的尺度距离时，还应遵循段间距大于行间距、行间距大于字间距的规律，否则容易干扰受众的视线。（图2-46）

4. 文字的编排形式

文字的编排形式主要分为基本编排和创意编排两种形式。其中，基本编排形式包括左对齐和右对齐、居中对齐、两端对齐、上对齐、文字绕图等形式，是版式设计中使用最多的文字编排形式；创意编排形式主要有图形化编排、矩形编排、立体编排、自由编排等形式，是在基本编排形式上根据版面内容与风格需求产生的，具有较大创意变化空间的文字编排形式。

文字距离过窄

滚滚长江东逝水，浪花淘尽英雄。是非成败转头空，青山依旧在，几度夕阳红。白发渔樵江渚上，惯看秋月春风。一壶浊酒喜相逢，古今多少事，都付笑谈中。

文字距离过宽

滚滚长江东逝水，浪花淘尽英雄。是非成败转头空，青山依旧在，几度夕阳红。白发渔樵江渚上，惯看秋月春风。一壶浊酒喜相逢，古今多少事，都付笑谈中。

图2-46 文字距离过窄或过宽的错误案例

图2-47《经济学讲义》书籍封面——左对齐和右对齐

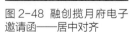

图2-48 融创揽月府电子邀请函——居中对齐

（1）基本编排形式

①左对齐和右对齐

左对齐和右对齐都是单边对齐的编排形式，对齐的一边形成一条垂直线，具有秩序规整的视觉感；未对齐的一端则因文本长短不一而参差不齐，具有独特的韵律美。左对齐的文字编排形式符合人的视线从左至右的浏览规律，几乎适用于所有文字的编排，在版式设计中被大量使用；右对齐则正好相反，因其有违现代的视觉习惯而在版式设计中较少出现。（图2-47）

②居中对齐

居中对齐是将文字以固定的中轴线两边对称编排的形式，使用这种编排形式的文字每行通常为独立完整的一行文字。居中对齐的版面中心突出，文字向左右两侧延伸，既具有节奏美感又不失端庄稳重，适合表现大气、经典的版式风格。（图2-48）

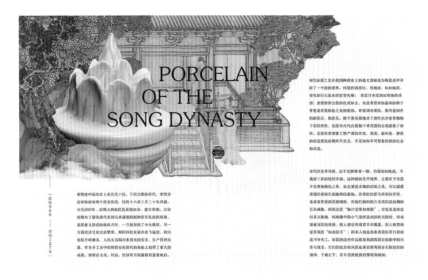

图 2-49 古陶瓷图鉴——两端对齐

图 2-50 山水清音——中国画艺术展海报——上对齐

③两端对齐

两端对齐是通过调整字符之间的距离使多行文本长度相等的编排形式，使用此种编排形式的版面规则整齐，是最为常用的段落编排形式。（图 2-49）

④上对齐

上对齐是源于中国古代的纵向书写文字所形成的从上至下的阅读习惯的编排形式，端庄典雅，多用于中式风作品的文字编排，具有中国传统的气质韵味。（图 2-50）

⑤文本绕图

文本绕图是指将版面中的文字紧密围绕图形边缘进行编排的形式，此种编排形式使文本与图形产生视觉上的互动，增强文本的视觉冲击力。需要注意的是，文本绕图编排应考虑图形与文本之间的平衡和协调，避免出现图形干扰文字连贯性的问题。（图 2-51）

图 2-51 I Wonder Why 科普读物——文本绕图

图 2-52 《透明海洋，文明呵护》系列公益广告——图形化编排

（2）创意编排形式

①图形化编排

文字的图形化排列有两种方式，一种是将文本编排于特定的图形形状范围中，使文本保持可读性的同时，赋予版面生动的趣味性；另一种是将每行文本当作线条编排成图形，这种编排方式更加灵活生动，与版面中的图形相结合还能达到图文呼应的效果。文字的图形化编排适用于轻松、富有创意的版面设计，能够形成较为新颖的版面效果。（图 2-52）

②矩形编排

矩形编排是将版面中内容不同的每行文字设计为两端对齐的编排形式，这种编排形式能使版面简约规范，但需要注意合理调配每行文字的大小、数量与尺度距离，保证文字的可识别性和信息的逻辑性。（图 2-53）

③立体编排

立体编排是通过调整文字的方向、角度、大小、透视关系，使其在平面的版面上呈现三维立体效果的编排形式。这种编排方式新颖独特，比平面化的版式更具视觉冲击力，需要设计者把握正确的空间透视关系。（图 2-54）

图 2-53 东京艺术大学美术学部展览海报——矩形编排

图 2-54 《这就是街舞 4》宣传广告——立体编排

码 2-2 版面中的文字

④自由编排

自由编排指上述三种编排形式之外的其他编排形式，其特点是追求突破常规、自由随性的版面效果，这样的版面效果看似漫不经心，实则需要设计者具备丰富的经验和独具慧眼的设计审美，对版面进行全局把控，是一种难度较高的文字编排方式。（图2-55）

5. 文字的编排原则

文字的编排原则是指立足于版式设计原则之上，针对文字的属性特点、编排方式和功能作用制定的编排规范，主要包括文字可读性原则、文字统一性原则、文本层级化原则。

（1）文字可读性原则

文字的可读性原则指通过选择合适的字体和编排形式、调整恰当的尺度距离将文字信息清晰明了地传达给受众。在字体选择上，印刷字体识别度高，但略显呆板寻常，创意字体和手写字体风格强烈，但识别度相对较低，要合理搭配这三类字体，以保证版面的文字适于阅读。在尺度和距离的调整上，字号过大和过小、距离过宽或过窄都不利于阅读，要根据版面的尺幅和文字的占比仔细斟酌，印刷品的版式设计可以借助字号表辅助调整。在编排方式上，横排版的文字一般从左至右阅读，竖排版的文字一般从上至下、从右至左阅读，在设计时要根据实际情况使用既契合信息内容又符合阅读习惯的编排方式。（图2-56）

（2）文字统一性原则

文字的统一性原则指在处理文字时要统揽全局，保持版面的文字内容和版面风格的一致性。首先，版面中的字体过多、字体与版面调性差异过大会使版面风格凌乱、难以协调。其次，在编排文字时应统筹规划文字的摆放位置和尺度距离，同层级的文字信息要统一字号、字距、行距，做到文字的群组化设计。（图2-57）

（3）文本层级化原则

文本层级化原则指在编排文字前，应先仔细阅读信息并加以梳理，使用分行、分段等方式将文字信息分组，再划分好每组文字的主次关系，借助字体、字号、色彩的差异来区别各个层级。（图2-58）

（二）风格的展现——版面中的图形

图形是版式设计中视觉冲击力最强的信息要素，具有视觉传达的先天优势，"一图胜千字"即是这个道理。图形能够跨越文化、语言、地域等限制，使信息的传递更为生动形象、易于理解。同时，图形还具有美化版面、烘托主题的作用，能更为直观地表现版式的风格调性。

1. 图形的类型

版面中的图形分为具象图形和抽象图形。具象图形主要包括摄影图形、插画图形和信息图表，其易于识别，更容易被受众接受和理解。其中，摄影图形直观明了、贴近现实；插画图形风格鲜明，拥有追求完美的场景化特征和想象空间；信息图表能够将复杂的信息图形化，能够带来理性严谨的秩序感。（图2-59）

图2-55 全球熊猫主题插画大赛海报——自由编排

图2-56 "经略海洋"主题海报设计国际邀请展海报——文字可读性原则

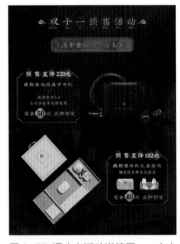

图2-57 漫步者活动详情页——文字统一性原则

图 2-58 绿地·珑墅地产海报——文字层级化原则

图 2-60 使用抽象几何图形编排的海报

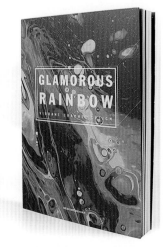

图 2-61 使用抽象肌理图形编排的书籍封面

图 2-59 使用具象图形编排的网页

　　抽象图形主要包括几何图形、肌理图形和纹样图形等，由于不存在明确的含义，在版面中常起到装饰作用。几何图形能够划分版面，使版面信息的分区更清楚；肌理图形能够丰富版面的层次，使版面更有质感；纹样图形可用作版面背景和边框的装饰，能够增添版面的视觉美感。（图2-60、图2-61）

码 2-3 版面中的图形

2. 图形的选择

　　恰到好处的图形能为版式的美观添砖加瓦，而不合时宜的图形能让版式功亏一篑，因此在编排版式时，图形的选择要准确、统一、清晰。首先，所选图形的内容应能准确传达信息，图形类型应符合版式整体风格。其次，同一个版面中尽量使用类型相同、色调相近、角度相似的图形，或是使用图像处理软件对其进行统一调整。再次，选择使用摄影图像、插画图形等图片素材时，注意图片的精度要符合版面的要求，精度太低的图片会使版面显得粗糙草率。（图2-62）

图 2-62 《长安十二时辰》电视剧海报——十二个人物图形色彩、角度、大小一致

3. 图形的处理

除了需要根据主题和内容专门制作插画图形和信息图表，对于摄影图形的处理方式主要有裁切、重组、调色。

（1）裁切

裁切图形能够改变原有摄影图形的比例和形状，删除图形中的不必要信息，优化构图与角度，使图形更符合版面布局。图形裁切的形状有规则形和不规则形，使用规则图形编排的版面更整齐统一；不规则的形状主要有去底图和自由形，使用不规则的图形编排，可以增加版面编排的自由度，使版面风格更为跳跃多变。（图2-63、图2-64）

（2）重组

重组图形是指将不同的摄影图形重新组合成为新的图形，重组的方式主要有合成、拼贴、重叠等。合成的图形追求超现实的版面效果，拼贴的图形造就艺术趣味的版面风格，重叠的图形能够丰富版面的视觉层次。（图2-65 至图 2-67）

（3）调色

图形调色主要包括基础色彩的调整和整体色调的改变。基础色彩的调整指对摄影图形的亮度、对比度、饱和度等属性进行调整，使图形在版面中清晰、协调。整体色调指根据需求调校摄影图片的色相，以凸显不同版面的个性与风格。

图 2-63 深掘隆介展览海报中的菱形图片，图形裁切——规则形外观

图 2-64 图形裁切——去底图形

图 2-65 图形重组——合成

图 2-66 图形重组——拼贴

图 2-67 图形重组——重叠

（三）情感的传递——版面中的色彩

色彩是版式设计中最感性的信息要素，附着于文字与图形存在。版面的色彩虽不像文字有明确的语义，也不如图形有可视的形象，但它有先于图形与文字传达情感的优势，能够彰显版面的整体调性和情感氛围。归结而言，版面中的色彩具有突出主题、强化对比、渲染情绪、增强识别等作用。

1. 计算机色和印刷用色

在版式设计中，电脑显色和印刷用色是两种最常用的色彩模式，根据版面的应用领域选择合适的色彩模式，能够保证设计成品的色彩准确度，错用或混用色彩模式，都会导致作品呈现出不同程度的色差。

（1）计算机色

计算机色即 RGB 色彩模式，由自然界中光的三原色的混合原理发展而来，RGB 分别代表红色（Red）、绿色（Green）、蓝色（Blue）。这种色彩模式主要用于电子显示屏显示，因此在设计数字宣传品、网页、界面等版式时应当使用 RGB 色彩模式。

（2）印刷用色

印刷用色即 CMYK 色彩模式，它和印刷中油墨配色的原理相同，CMYK 则代表印刷的四种颜色，C 代表青色（Cyan），M 代表洋红色（Magenta），Y 代表黄色（Yellow），K 代表黑色（Black）。这种色彩模式主要用于印刷品，因此在设计纸质宣传品、包装、书籍等版式时应当使用 CMYK 模式。（图 2-68）

2. 色彩的选择

色彩是版式设计传递信息、抒发情感的重要造型元素，色彩的选择不仅要考虑搭配是否美观，还要根据色彩带给人的心理感受、行业惯例、品牌标准色彩规范、地域文化、消费群体等进行综合取舍。

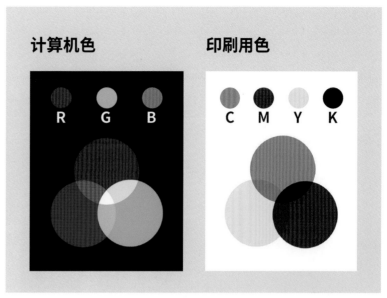

图 2-68 计算机色（RGB）和印刷用色（CMYK）

色彩的选择首先要了解色彩本身的性格和象征意义。一般来说，红色给人以热情、兴奋、勇气、危险等感觉；橙色给人以快乐、温暖、活力等感觉；黄色给人以明亮、希望、新鲜等感觉；绿色给人以清新、健康、和平等感觉；蓝色给人以干净、安全、稳定等感觉；紫色给人以神秘、魅惑、高贵等感觉；白色给人以纯洁、清爽等感觉；黑色给人以深沉、阴暗等感觉；灰色给人以朴素、冷淡等感觉……

色彩的选择要参考设计版面的应用领域及该领域的惯用色彩。如科技行业常用深沉远大、明度较低的蓝色、紫色；环保行业常用清爽自然、明度纯度较高的蓝色、绿色；食品行业常用引起兴奋的橙色、红色……借鉴总结每个行业常用的色彩，可以帮助设计者快速把握版面的风格调性。（图 2-69、图 2-70）

图 2-69 全球 AIoT 产业创新峰会 H5——蓝色是科技行业的常用色

图 2-70 "黄老五" 黄油曲奇产品详情页——休闲食品行业常用黄色、橙色等色彩

品牌的版式设计，色彩的选择应考虑品牌本身的标准色彩规范。企业或商家为了建立统一的品牌形象，都会制定统一的品牌标准色，因此在编排该品牌的版面时，使用品牌标准色能够让受众快速识别品牌，加深对版面的印象。（图2-71）

色彩的选择受到地域文化的限制。长期以来，不同地域的人们受风俗、习惯、信仰、文化的影响，对色彩的认知也有所不同。因此在进行版式设计前，要清楚了解相关文化习俗，避免使用禁忌色彩。

受众人群是版面信息的接收者，色彩的选择要迎合目标受众人群的喜好和性格特征，达到吸引受众注意的目的。针对不同的受众人群，要根据年龄、性别、性格、受教育程度、职业面向等方面因素，分析受众对于色彩的喜好，选择最合适的版面配色。（图2-72、图2-73）

3. 色彩的搭配

色彩的搭配极大地影响着版面的风格。版面配色的顺序应是从整体到部分，首先考虑版面中起主导作用的色彩，再根据主色调选择点缀色，这样的配色方式有利于设计出风格明确的版面。常见的版面色调有以下四种：

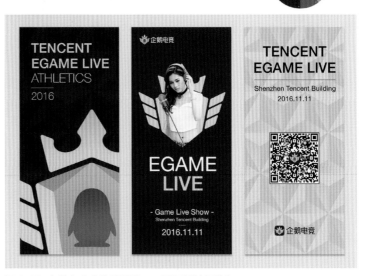

图 2-71 企鹅电竞宣传册设计——采用品牌标准色

图 2-72 针对女性消费者的兰蔻护肤品活动详情页

图 2-73 针对商务人士的领克汽车广告

图 2-74 京东金融 H5——单色调

图 2-75 素丽高猫粮包装——近似色调

图 2-76 麦当劳广告——对比色调

（1）单色调

单色调指整个版面只有一种有彩色，或所有的色彩都统一为一种色相，只存在明度和纯度区别的色调。色彩变化较少，版面简洁单纯。（图 2-74）

（2）近似色调

近似色调指使用色环中相邻相近的色彩调配的色调，如蓝绿色调、红橙色调等。具有一定程度的色彩变化，版面效果和谐统一。（图 2-75）

（3）对比色调

对比色调指使用两种区别很大的色彩造成极强的视觉冲击力的色调。其对比方式有色相对比、明度对比、纯度对比，视觉效果强烈，版面十分亮眼。（图 2-76）

（4）突出色调

突出色调指在以黑白灰等无彩色构成的版面上，使用一个高纯度的有彩色在重点部分进行强化突出的色调。该色调对比强烈，版面重点突出、极具个性。（图 2-77）

图 2-77 创造宇宙音乐节武汉站海报——突出色调

码 2-4 版面中的色彩

三、版式设计中的图版构成

（一）版面的张弛——版面率

版面率指版面上的文字、图形等视觉元素所占整个版面面积的比例。版面率越高即表示版面中的视觉元素所占的面积越大，版面率越低则表示版面中的视觉元素所占的面积越小。（图 2-78）

通过调节版面率，可以改变版面的节奏和情感。高版面率的版面可以装载更多的信息，形成饱满、扩张的版面效果，常用于活动宣传品、绘本、购物网站等内容的版面编排；低版面率的版面给人以收缩、静谧的感觉，常用于奢侈品包装、诗集、高端广告等作品的版面编排。（图 2-79、图 2-80）

图 2-79 乐乐茶活动数字海报——版面率高

图 2-78 版面率

图 2-80 万科江上雅苑地产数字海报——版面率低

码2-5 图版率

图 2-81 图版率

图 2-82 《如何做出一本书》
书籍封面设计——用插画绘制的
书籍拼成英文书名，增加了版式
的趣味性

（二）图文的取舍——图版率

图版率指版面中的所有图形所占面积的比例。版面中的图形总面积越大则图版率越高，版面中的图形总面积越小则图版率越低。图版率的高低主要取决于图形的总面积大小，而非图形数量的多少，但在图版率相同的情况下，图形数量越多、越复杂，版面效果越丰富。（图 2-81）

通过调整图版率可以调控版面的活跃度。通常，图版率高的版面给人以活泼、热闹的感觉，常用于商业活动、画册等版面编排，但如果图片本身安静简洁、留白较多，即使满版编排，达到 100% 的图版率，也只会给人带来空旷的视觉感受；图版率低的版面给人以沉静、理性、稳重的感觉，常用于报纸、小说、文献等版面。需要注意的是，以文字为主的版面通常较为简洁安静，我们可以通过将文字图形化处理来提高版面的图版率，增强版面的活跃度。（图 2-82 至图 2-84）

图 2-83 两张影视海报图版率相同，均为满版图片编排，但左边的图片相对热闹，右边的图片相对平静，因此产生了不同的视觉效果

图 2-84 "时光开箱：馆藏文物展"
海报——使用红黄蓝三原色的几何块面制作的立体文字，使原本二维的版面具有了一定的立体感，强化了版面层次关系

码 2-6 实训
练习

实训练习

1. 版式设计收集与构成要素分析

（1）实训内容

收集优秀版式设计作品，具体分析其中两张版式的造型元素和信息要素对于整个版面设计的作用。

造型元素分析：把版式概括为点、线、面、肌理进行分析。

（2）信息要素分析

◇文字：字体、字号、文字的距离、文字的编排形式；

◇图形：图形的类型、图形的形状、图形的编排；

◇色彩：色调；

◇版面率和图版率：高、中、低。

（3）实训目的

学生通过分析优秀版式设计的造型要素和信息要素，能够学会用点、线、面分解版面构图，同时提升对版面构成的审美认知，了解对文字、图形、色彩的处理方式，为后期版式设计奠定理论基础。

2. 海报编排练习

（1）实训内容

选一位喜欢的艺术家或设计师并收集与之相关的资料，为其编排 3 张展览海报。在编排时注意首先设定好版面的版心和页边距，再根据主题内容调整文本的字体、字号、间距，选择合适的文字编排形式和高精度的图片，并对图片的形状和色调进行调整。

（2）实训目的

学生通过编排展览海报，初步具备海报的版面设计和要素处理的能力，并理解海报设计的基本要求。

3. 版面配色练习

（1）实训内容

根据版式设计的色彩理论，编排 3 张色调完全不同的招聘海报，利用色彩的力量凸显不同行业和职位的特征。

（2）实训目的

学生通过版面配色练习，掌握多种色调的配色方法，同时掌握考虑色彩带给人的心理感受、行业惯例、品牌标准色、地域文化、消费群体等多重因素的方法。

第三单元

版式设计的视觉表现

BANSHI YU
XUANCHUANPIN
SHEJI　版式与宣传品设计

教学目的

　　通过本单元的学习，使学生掌握多种视觉流程的表现形式和编排方法，理解版式设计的形式美并灵活运用于版式编排实践中，同时掌握网格化编排的概念、类型和应用方法。

重难点

　　重点：掌握版式设计的视觉流程、版式设计的形式美

　　难点：版式设计的形式美、版式设计的网格化编排

一、版式设计的视觉流程

　　人的视野范围有限，因此人眼在感知和观察事物时，需要不断移动眼球逐步观看。心理学研究表明，受心理认知和行为习惯的影响，人眼的观察顺序有一定的普适性规律，即从上到下、从左到右、从前到后、从大到小、从中间到四周、从主体到背景、从有色到无色、从整体到部分、从强对比到弱对比……

　　在版式设计中，需要根据这些规律安排版面中的视觉元素，以便形成一条具有引导性的观看线路，主动控制受众的阅读流程。

（一）视觉流程的概念

　　视觉流程指视线在版面中移动的轨迹。因为视觉流程受人眼阅读习惯和版面视觉元素的影响，所以对版面中各视觉元素的方向姿态、组合方式、对比关系进行组织规划，能够诱导人的视线按照设计意图流动，从而改变版面的视觉流程，形成方向、曲直、逻辑不同的版面编排效果。

　　视觉流程具有双重作用。对于设计者来说，明确的视觉流程可以帮助其厘清版面的逻辑关系，使版面的编排脉络清晰明了；对于受众来说，合理的视觉流程可以引导其观看的顺序，提升阅读效率，使信息的获取过程更流畅轻松。（图 3-1）

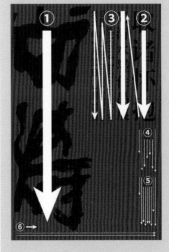

图 3-1 视觉流程示意图——纵向视觉流程

（二）最佳视域与视觉焦点

　　最佳视域指版面中最容易受到注目的区域。综合人眼从上至下、从左至右、从中间到四周的阅读习惯，版面的左上部分和上中部分是最为醒目的位置，即版面的最佳视域。根据这一规律，在进行版式设计时将重要的信息，如标题、主图形放置于最佳视域之中，以便快速引起受众的注意。

　　视觉焦点指版式设计时，通过调整视觉元素的大小、形状、位置、肌理、色彩等视觉要素打造出来的最引人注目的部分。由于人的视线除了按照常规的阅读流程浏览版面之外，还容易被具有高对比度效果、高明度纯度色彩等视觉冲击力非常强烈的元素吸引，因此强化版面中重要信息的视觉冲击力，就可以人为地在版面中设计出最醒目的区域，即视觉焦点。

　　视觉焦点与最佳视域有所不同，最佳视域是由于人的阅读习惯所形成的版面聚焦点，是相对固定的一个区域，而视觉焦点是通过人为设计所形成的聚焦点。视觉焦点可以设计在版面中的任意位置，通常设计在最佳视域的范围里是最符合常理的，但有时为了满足不同版面的需求，也会将视觉焦点设计在版面的右上、中下部分等位置，这种特殊的视觉焦点打破了常规的视觉流程，往往能达到出其不意的效果。（图 3-2、图 3-3）

码 3-1 最佳视域与视觉焦点

图 3-2 "观妙入真：永乐宫的传世之美"展览海报——将视觉焦点放置于版面左上方，信息一目了然，符合人的阅读习惯

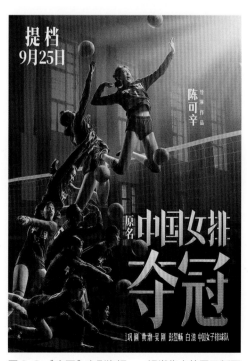

图 3-3 《夺冠》电影海报——视觉焦点放置于版面右下角，版式别具一格

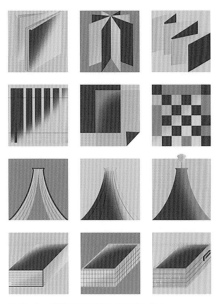

图 3-4 "设计新日常"阅读沙龙 banner——横向视觉流程

（三）视觉流程的表现形式

根据版式设计的媒介、内容和风格审美，针对不同的版面应使用不同表现形式的视觉流程，从而体现不同的版面风格。视觉流程的表现形式主要有单向视觉流程、曲线视觉流程、导向视觉流程、发散视觉流程和散构视觉流程。

1. 单向视觉流程

单向视觉流程指将版面的视觉元素按照某个固定的方向编排，引导受众单向浏览。单向视觉流程是最为常见的一种表现形式，包含横向、竖向、斜向三种形式。

（1）横向视觉流程

横向视觉流程引导受众的视线左右流动，最符合人的阅读习惯，在中文体系和西文体系的版面中都适用，版面效果平稳恬静，阅读最为流畅。（图 3-4）

（2）竖向视觉流程

图 3-5 《甲骨文的故事》书籍封面——竖向视觉流程

竖向视觉流程引导受众的视线上下流动，给人坚定、直接的视觉感受，符合中国汉字自古以来从上至下的书写规律，适合表现中式传统的版面风格；而拉丁字母自始至终保持横向书写的习惯，因此竖向视觉流程在西文版面中使用较少。近年来，移动设备的普及逐渐改变了人们的阅读方式，人们在查看手机界面时渐渐习惯于从上至下地浏览，因此越来越多移动界面的版式设计采取了竖向视觉流程的表现形式。（图 3-5）

（3）斜向视觉流程

斜向视觉流程引导受众的视线往斜方向移动，具有强烈的运动感，给人以不稳定、跳脱的视觉感受。需要注意的是，过度的倾斜会影响视觉元素的识别性和信息传达的流畅性，因此要把握好倾斜的角度，在个性与适读性中找到平衡。（图 3-6）

图 3-6 香港书展澳门馆展览海报——斜向视觉流程

2. 曲线视觉流程

曲线视觉流程指将版面的视觉元素沿着曲线编排的视觉流程。运用这种视觉流程的版面优美流畅、含蓄柔和。曲线视觉流程主要包括圆形视觉流程和流线型视觉流程。

（1）圆形视觉流程

圆形视觉流程引导受众的视线呈圆弧形或半圆弧形移动，使用圆形视觉流程的版面具有明确的视觉中心点，呈现饱满、扩张的版面效果。（图 3-7）

（2）流线型视觉流程

流线型视觉流程引导受众的视线呈不规则曲线移动，使用流线型视觉流程的版面富于节奏和变化，既具备了深远的空间感，又流露出婉转的律动美。（图 3-8）

3. 导向视觉流程

导向视觉流程指使用诱导性的元素引导受众的视线按照指示的顺序移动的视觉流程。常用的诱导元素有清晰明了的导向诱导元素，也有隐晦含蓄的形象诱导元素。

（1）导向诱导元素

导向诱导元素具有非常强的指示功能，主要包括序号、箭头、线条等元素类型，能够直接引导受众的视线移动，使用导向诱导元素的版面条理清晰、简明扼要。（图 3-9、图 3-10）

（2）形象诱导元素

形象诱导元素包括目光方向、手指方向、指示动作、开口朝向、人物朝向等元素类型，一般通过暗示性的方式诱导受众的视线移动，版面效果隐晦含蓄，富有想象的空间。（图 3-11）

图 3-7 圆形视觉流程

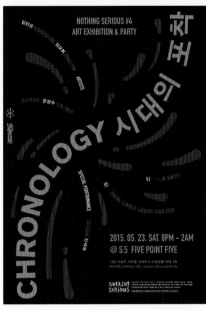

图 3-8 流线型视觉流程

图 3-9 研森实验室作品，使用箭头诱导视线的书籍编排——导向诱导

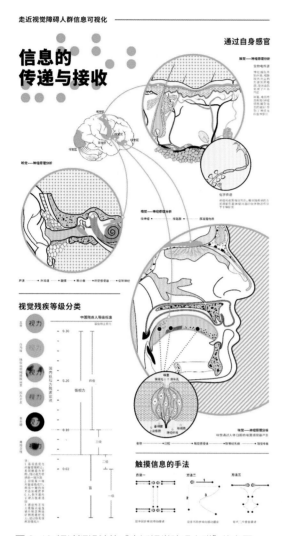

图 3-10 汤诗颖设计的"走近视觉障碍人群"信息图——导向诱导

图 3-11 拍拍严选 APP 闪屏——手势诱导

4. 发散视觉流程

发散视觉流程指将版面中的视觉元素呈放射状或聚合状编排,引导受众的视线由发散中心向四周扩散,或由四周聚集到发散中心的视觉流程。发散视觉流程主要包括聚合视觉流程和放射视觉流程两种类型。

(1)聚合视觉流程

聚合视觉流程强调中心点的视觉强度,旨在将受众的视线聚焦于发散中心,而越往四周发散的元素视觉强度就越弱,形成中心突出的版面效果。(图 3-12)

(2)放射视觉流程

放射视觉流程突出表现发散至四周的视觉元素,弱化发散中心点的视觉强度,将受众的视线由中心向四周扩展,造就具有扩张力的版面效果。(图 3-13)

5. 散构视觉流程

散构视觉流程指将版面中的视觉元素分散编排,引导受众的视线呈跳跃式移动的视觉流程。使用散构视觉流程的版面追求自由随性、新奇生动的视觉效果。由于散构视觉流程完全打破了人眼从上至下、从左至右的阅读习惯,会在一定程度上降低信息传达的流畅度,因此需要设计者通过对版面中视觉元素的大小、位置、色彩进行有意识的设计整合,以平衡版面的可读性与艺术性。

图 3-12 腾讯数字文创节 banner——聚合视觉流程

图 3-13 速味享天猫 618 活动界面——放射视觉流程

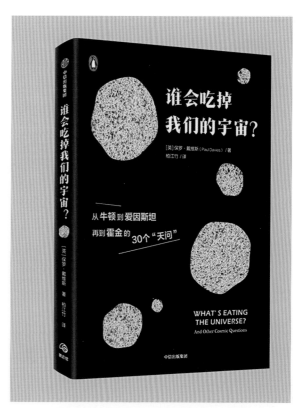

图 3-14 《谁会吃掉我们的宇宙》书籍封面——散构视觉流程

图 3-15 北京薄荷品牌设计有限公司朱超设计，751D·LAB2016丝巾围巾设计大赛海报——散构视觉流程

码 3-2 视觉流程的表现形式

二、版式设计的形式美

版式设计的形式美指根据版面的需求将视觉元素进行有机地处理和组合，创造出具有较强视觉审美的版面效果。营造版式设计形式美的方法主要有重复、变异、对比、近似、虚实、对齐、亲疏、对称、比例九种，这九种方法在版面中并非只能单独使用，而是应互相搭配、相辅相成，才能适应复杂多元的版式设计需求。（图 3-14、图 3-15）

（一）重复构建秩序美

重复是将相同或相似的视觉元素或元素组合在版面中进行重复编排。重复的运用能使版面的视觉效果整齐统一，增强版面的规律性和秩序感。

重复在版式设计中的运用极其广泛，文字、图形、色彩等构成要素都可以运用重复的形式。单个视觉元素的重复编排能够使版面井然有序，组合视觉元素的重复编排能够增强版面的条理性，色彩的重复使用能够强化视觉元素之间的关联性。有骨骼的重复编排能够凸显版面的规律与秩序感，无骨骼的重复编排则使版面更加活泼和个性化。在遵循透视关系的基础上，将版面中的视觉元素进行重复编排，能够创造特有的空间感和韵律感。此外，对重复的视觉元素进行适当的变化，能够丰富版面的视觉效果。（图 3-16 至图 3-19）

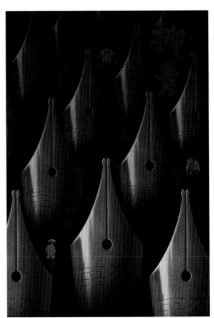

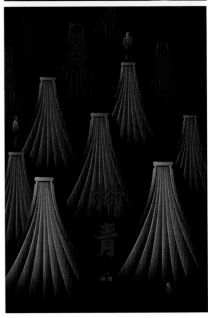

图 3-16 姜延设计的《柳青》电影海报（2019金点设计奖作品）——单个视觉元素重复

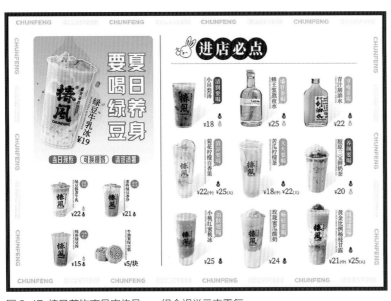

图 3-17 椿风茶饮产品宣传品——组合视觉元素重复

图 3-18 Paper Voice 生活品牌海报——有骨骼的重复

图 3-19 巴塞罗那创意共享电影节海报——无骨骼的重复

（二）变异构建独特美

变异指在统一有序的版面构成中某一个视觉元素或某个局部形成明显差异的版面效果。变异的部分打破了版面的秩序感，增添了一丝趣味与灵动。同时，变异的部分通常能成为版面的视觉焦点，结合版面内容使用变异的手法进行设计表现，能给受众带来惊喜。

视觉元素在方向、形状、色彩、位置、大小、内容上都能产生变异，但需要注意的是，变异通常与重复结合使用，且变异是版面局部的突变，是整体统一与局部变化的极致对比。（图 3-20、图 3-21）

（三）对比构建差异美

对比指通过对设计元素进行设计变化，形成具有差异化的版面效果。元素之间的对比越大，视觉效果越强烈。对比能够强化版面主体元素和次要元素的差异，突出重点，建立版面的层级关系，营造版面的节奏，使版面富有变化，更为生动。

在版面中制造对比有两种方式，第一种方式是改变视觉元素的大小、粗细、形状、色彩、虚实、肌理等属性，凸显视觉元素的差异美。第二种方式是在版面编排时通过调整视觉元素之间的疏密、方向、动静、空间关系，形成具有不同视觉感受的版面效果。总而言之，建立对比关系需要统筹规划版面中的所有视觉元素，既要达到差异化的目的，又要兼顾版面的统一性。（图 3-22 至图 3-24）

图 3-20 《十二怒汉》电影海报——色彩变异

图 3-21 欧拉汽车广告——图形变异

图 3-22 使用大小、形状、色彩对比的网页版面

图 3-23 使用方向、动静对比的海报版面

图 3-24 使用大小、色彩、肌理、位置、方向对比的包装版面

（四）近似构建和谐美

近似指将视觉元素的大小、形状、色彩、方向等属性调整至相同或相似，使版面整体趋于融洽和谐。近似可以协调版面元素之间的关系，强化版面的风格调性。近似的手法使用在多个页面的版式设计中，还能加强版面之间的联系。

版式设计中的近似一般表现在字体、图形、色彩等视觉元素上。在版面中使用近似的字体，能使版面风格统一；在版面中使用视角、形状、大小、肌理效果近似的图形，能使版面规律整洁；在版面中使用近似的色彩搭配，能避免版面色彩过于花哨；在版面中使用近似的标记或符号，能使版面视觉元素相互呼应。（图 3-25 至图 3-27）

图 3-25 《花朵的秘密生命》书籍封面——使用近似的字体

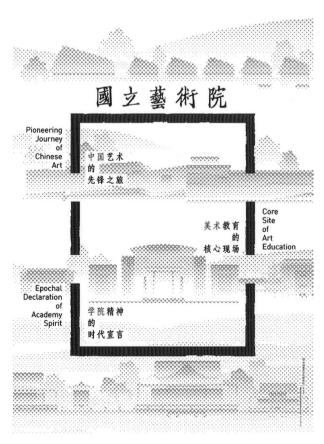

图 3-26 陈正达设计的国立艺术院海报——使用近似的图形

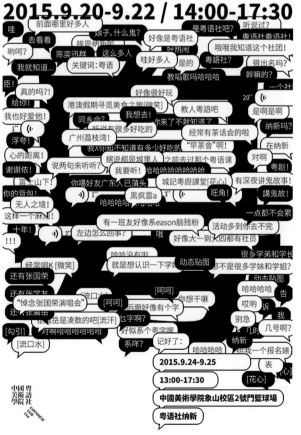

图 3-27 中国美术学院粤语社纳新海报——使用近似的符号

图 3-28 《不破不立》纪录片海报——虚实表现空间的远近

图 3-29 虚实表现元素的动静

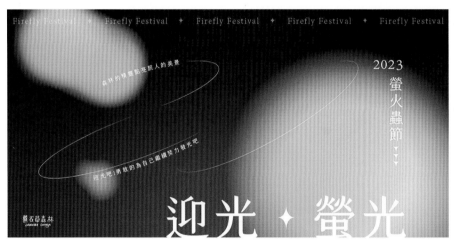

图 3-30 虚实表现要素的主次

（五）虚实构建意境美

虚实是通过调控视觉元素之间的清晰度、透明度、繁简度，在版面中形成清晰与模糊、有形与无形的视觉效果。在版式设计中，通过营造版面中的虚实关系，可以增强版面的空间层次，强化主题与氛围渲染，创造出具有意境美的版面效果。

虚实常用来表达版面中空间的远近、要素的主次与元素的动静。清晰、透明度低的视觉元素在版面空间中距离较近，用于强化主要的信息；模糊、透明度高的视觉元素距离较远，用于弱化次要的信息。轮廓清晰的视觉元素呈静止的状态，模糊的视觉元素则体现出运动的感觉。（图 3-28 至图 3-30）

（六）对齐构建规整美

对齐指使用水平线、垂直线、斜线或曲线将视觉元素整齐排列，使版面趋于整洁统一。对齐的使用，可以协调版面中多种类别的视觉元素，增加版面的严谨性与专业性，造就秩序规整的版面效果。

版面的对齐方式主要有水平对齐、垂直对齐、斜向对齐和曲线对齐等。水平对齐指将视觉元素的顶部、底部或中心沿着同一水平线进行对齐，垂直对齐指将元素的左侧、右侧或中心沿着同一垂直线进行对齐，斜向对齐指将视觉元素的一端沿着一定斜度的直线进行对齐，曲线对齐指将视觉元素的一端沿着曲线进行对齐，不同的对齐方式能够营造风格迥异的规整美。（图 3-31 至图 3-33）

图 3-31 "冈村桂三郎展"宣传品——水平对齐和垂直对齐

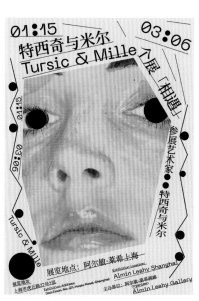

图 3-32 特西奇与米尔个展海报——斜向对齐

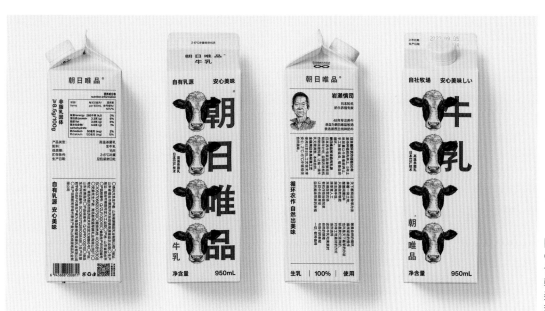

图 3-33 A Black Cover Design 设计工作室设计的朝日唯品牛奶包装——水平对齐和垂直对齐

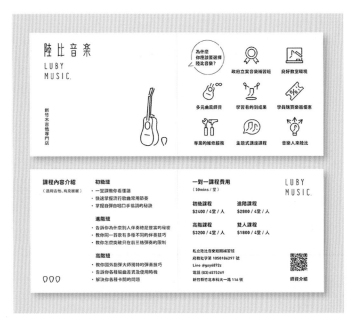

图 3-34 陆比音乐宣传折页——利用视觉元素之间距离的远近构建版面的亲疏关系

（七）亲疏构建韵律美

亲疏是通过协调视觉元素之间的位置关系和距离远近，形成清晰、直观的版面效果。亲疏能够建立起清晰有序的信息层次和富有韵律的版面空间，有利于版面信息的准确传递和版面主题的突出。

在建立版面的亲疏关系之前，先要对版面的所有视觉元素进行层级划分，将相关的视觉元素群组化，通过调整不同视觉元素之间的距离，构建版面的亲疏关系。通常情况下，应拉近相关视觉元素的距离，不相关的视觉元素应尽量疏远。同时，在版面中巧妙运用线条、形状与色彩，能够起到划分空间距离、分割视觉元素、强化版面的节奏感和韵律美的作用。（图 3-34至图 3-36）

图 3-35 深圳书展海报——使用距离和色彩分割视觉元素

图 3-36 驴溪老酒包装——瓶贴使用线条分割视觉元素，酒盒包装采用形状与色彩分割视觉元素

图 3-37 古器音乐会海报——中轴对称

图 3-38 婚礼邀请函——绝对对称

图 3-39 金龙鱼御膳堂稻米油包装设计——相对对称

（八）对称构建庄重美

对称是将视觉元素以中轴线或中心点为基准呈镜像编排的美学形式，在版式设计中被大量运用，能够营造出平衡、稳定、理性、庄重的视觉印象，比较适合编排传统、古典、正式的主题与内容。

对称的形式主要有中轴对称和旋转对称，中轴对称编排以线为界呈左右对称或上下对称，极具秩序感；旋转对称编排以点为中心呈放射状，更具视觉冲击力。根据对称的程度可以分为绝对对称和相对对称，绝对对称是视觉元素完全一致的编排形式，使用绝对对称的版面十分严谨；相对对称是在绝对对称的基础上，通过微调视觉元素的形状、样式、色彩等，使版式达到相对的视觉平衡，保持稳定与庄重的同时对版式进行适当的变化。（图 3-37 至图 3-39）

（九）比例构建结构美

比例是按照一定的数字比率划分版面空间、构建版式，使版面结构清晰，逻辑明朗的美学形式。比例关系在版面中无处不在，开本的尺寸、版心与页边距的规划、视觉元素的位置与大小、视觉元素的间距，往往都遵循了一定的尺度和比例关系。

版式设计中的比例是数学与艺术的完美结合。迄今为止，人们已经探索出了多种具有视觉美感的比例关系，例如黄金比例和斐波那契数列、九宫格和三分法、平方根比例、数列比例等。其中黄金比例和九宫格比例最为常用。黄金比例是将版面或元素的整体一分为二，较大部分与较小部分之比等于整体与较大部分之比，其比值约为1:0.618，即长段为全段的0.618。九宫格与三分法则是由黄金比例衍生出来的分割比例，即将版面分割为九个相等的矩形，将主要元素放置于该九宫格内直线的交点或直线上。除了以上经典的比例关系外，现代主义设计兴起后的网格化编排系统也是一种十分细致精确的比例构成方法。（图3-40、图3-41）

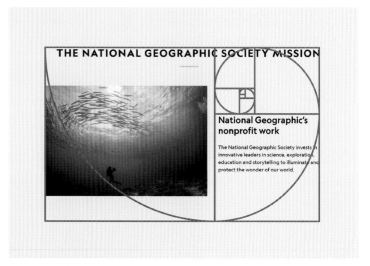

图3-40 国家地理网页——黄金比例

图3-41 《亚文化：风格的意义》书籍封面——九宫格比例

码3-3 版式设计的形式美

三、版式设计的网格编排

日本设计师杉浦康平曾说："设计是驾驭秩序之美的过程，网格为文本建立起一个让信息得到有效、清晰、易懂并便于记忆的控制路径，其提供了逻辑解决问题的钥匙与解开二维、三维，乃至时间传播的，并非固态的辩证方法论。网格设计是一个平面设计师必须拥有的设计意识和能力。"网格设计不仅是一种工整严密的设计方法，更是设计者对待版式编排精益求精的设计态度。

（一）网格与网格编排

网格是由纵向的栏和横向的块交错形成的版面空间构成，建立合适的版面分栏和分块有利于提高版式编排的效率。

分栏指将版心竖向地分成几列，每一列为一栏，每栏的宽度称作栏宽，栏与栏之间的距离称作栏间距。分栏可以缩短每行文字的长度，降低阅读的疲劳感，从而优化阅读体验。（图3-42）

分块是在分栏的基础上，将每栏横向地分为多个模块，块与块之间的距离称作块间距。（图3-43）

网格编排又称栅格化编排，它用固定的方格划分版面布局，再将信息元素填充于方格之中，其风格工整简洁，比例协调，强调秩序，是一种理性的版式编排方法与设计风格。在19世纪末到20年代初，网格编排主要用于报纸的版式设计中，后受到了俄国构成主义、荷兰风格派、德国包豪斯设计等诸多现代设计观念的影响，网格编排在二战后的瑞士流行起来，最终形成了简洁标准的"国际主义平面设计风格"，得到国际设计界的普遍认可。（图3-44）

图 3-42 分栏示意图

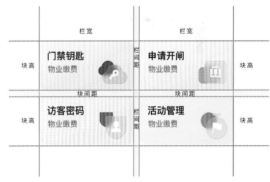

图 3-43 分块示意图

图 3-44 网格编排示意图

网格编排能将版面划分为规整的区域，建立版面秩序，约束视觉元素的编排，强化版面的整体性。同时，视觉元素在网格中可以跨模块编排，使网格编排也能够在规范的形式中造就丰富的版面效果。

网格编排的适用范围十分广泛，能用于各种尺寸幅面、媒介设备的版式编排。对于杂志、书籍等版面多、篇幅长的媒介，网格编排能给所有版面确定统一的版式基调，在此基础上变更每个版面的视觉元素和版式细节，能达到既统一又富有变化的版面效果，大幅度提高编排效率；对于移动界面等版面小、内容多的媒介，网格编排能厘清版面的分区，构建结构清晰、查找方便的版面效果；对于网页、报纸等版面大、板块多的媒介，网格编排能将版面划分为多个板块，统筹版面布局，将复杂的版面简单化。

（二）网格编排的类型

网格编排的网格类型主要有通栏网格、多栏网格、比例网格、模块网格、成角网格、自由网格等。每种网格的视觉效果和应用范围都不尽相同，需根据版面内容和风格灵活运用，设计出符合需求的版面效果。

1. 通栏网格

通栏网格是最基本、最简单的网格类型，在版面中不做分栏处理，用以编排整版图片和文字。这种网格简单大气，但版式变化较少，且每行文本过长易导致视觉疲劳，因此适用于小开本的版面编排。（图 3-45）

2. 多栏网格

多栏网格是将版心等分为若干栏的网格类型。较之通栏网格，多栏网格的版式变化更为丰富，能容纳多段文本和大小不同的图片，适用于更为复杂的图文混合编排。依据版面的宽幅和版面内容的多少，版心通常可以划分为双栏、三栏、四栏甚至更多。一般书籍、杂志常用双栏网格和三栏网格，网页、报纸可采用四栏网格、五栏网格。此外，编排文字时还要考虑到分栏后每行的字数，如果字数过少，频繁换行，会破坏阅读的连贯性。（图 3-46、图 3-47）

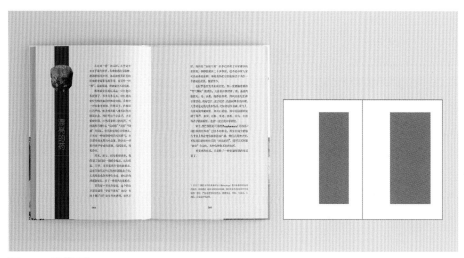

图 3-45 通栏网格

图 3-46 双栏网格

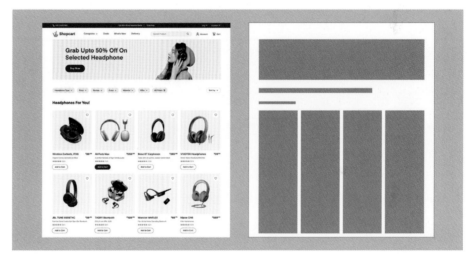

图 3-47 四栏网格

3.比例网格

比例网格是运用美学比例进行分栏的网格类型，常用的比例有黄金比例、1：2、2：3、3：7等。比例网格打破了多栏网格的均衡感，使版面的划分有了轻重、主次的节奏，能营造出特殊的视觉感受。（图 3-48）

4.模块网格

模块网格是将版面均分成多个单元格，且所有栏间距相同、块间距一致的网格类型。模块数量越多，版面编排越灵活，变化越丰富。需要注意的是，模块数量并非越多越好，这取决于版心尺寸、图形数量、字号和行距，当版心较小、图形数量少时，模块数量不宜过多，否则版面会被分割得七零八落，版面中的信息也会混乱不堪，严重影响信息的传达；反之，若版心较大、图形数量多，模块的数量设置就有比较大的自由度。（图 3-49）

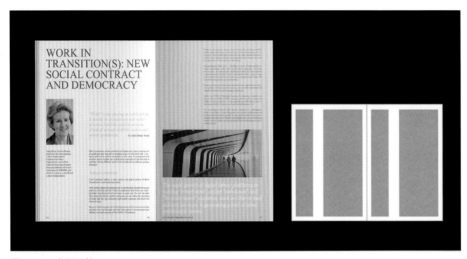

图 3-48 比例网格

图 3-49 模块网格

码 3-4 网格
编排的类型

5. 成角网格

　　成角网格是使用倾斜的栏和块来划分版面的网格类型，一般一个版面中只使用一到两个角度，常见的有15°、30°、45°等较为规则的整数角度。运用成角网格的版式设计具有强烈的动感和视觉冲击力，但倾斜的视觉元素的识别度会略低于水平和垂直的视觉元素，因此要合理调整网格的倾斜角度，编排时还需遵循人眼从左至右的阅读习惯，在追求版面的个性与信息的可读性中找到完美的平衡点。（图3-50）

6. 自由网格

　　自由网格是将版面划分为大小不同、位置不等的面积区域的网格类型。自由网格既保留了网格化编排矩形构成的结构式样，又以其自由随性的特点为版面的设计带来了无限变化。自由网格可以根据版面视觉元素的层级关系确定网格的大小和位置，也可以混合使用上述网格类型组合形成复合网格。（图3-51）

图 3-50 成角网格

图 3-51 自由网格

实训练习

1. 版式差异性练习

（1）实训内容

自选一个主题，收集相关的图形和文字资料，结合版式设计的形式美知识内容，使用不同的视觉流程编排 3 张不同效果的版面。

（2）实训目的

根据相关版式设计理论知识，让学生利用视觉流程对统一的图形和文字进行编排，组合出不同版面效果，加强对视觉流程理论知识的理解。

2. 网格编排练习

（1）实训内容

自选一个网页，提取网页中的图形和文字等视觉元素，使用网格编排的手法进行再设计。

（2）实训目的

通过对网页版式进行设计了解网格编排的理论知识，熟练掌握网格编排的设计技能。

第四单元

版式设计的应用

BANSHI YU
XUANCHUANPIN
SHEJI　版式与宣传品设计

通过本单元的学习，让学生了解版式设计在包装、书籍、杂志、海报、宣传品、网页与APP界面等领域中的应用方式，加深对版式设计的理解。

重点： 版式设计的应用

难点： 版式设计的应用

版式设计是一种重要的视觉传达设计方法，广泛应用于各种传统媒体和数字媒体设计中。在传统媒体领域，材料的衬托使版面带来触感的传递，工艺的装点使版面带来品质的提升，结构的变化使版面带来翻阅时的多元体验。在数字媒体领域，动态的呈现使版面带来视觉的惊喜，互动的便捷使版面带来流畅的体验。不同媒体的载体平台、表现方式、尺度结构均有所不同，这都要求版式设计不能停留在纸上谈兵，还需要结合媒体特性进行系统策划与创意设计。

一、包装的版式设计

包装在当今的商品消费市场中发挥着重要的作用，它的基本功能是容装产品、保护产品，但随着市场竞争日益激烈，消费者可选择的同类产品越来越多。除了保护产品、促进销售等基本功能以外，包装对于优化产品与品牌形象也有着重要作用，这对于包装的版式设计提出了更高的要求。

"立体化"是包装最大的特征。简单来说，包装设计将立体的包装结构展开设计，平面的版式设计完成后再以立体的形式呈现。同时，包装版面上需要呈现的信息内容较多，因此要以包装的立体形态展示为基础考虑包装的版式设计。

包装设计是关于包装材料、结构、工艺与视觉传达多方面的综合性设计，因此，包装的版式设计要考虑以下四个方面的内容：第一，包装的版式风格要区别于同类竞争对手；第二，包装版面的信息编排要清晰有序、主次分明，能够准确传达产品特征和品牌特征；第三，包装的版式设计要考虑形象展示版面、信息展示版面等多个展示面之间的整体与个体、主要与次要、平面与立体设计的关系逻辑；第四，包装的版式设计要充分考虑市场需求与目标消费群体的审美喜好。（图4-1、图4-2）

图 4-1 拉面说极料理包装——A Black Cover Design

该包装设计采用真实的产品图片，强化极料理"真材实料"的品牌理念；包装色调为鲜艳明快的红色系，旨在打造抢眼的快消品包装视觉效果；包装文字的编排清晰明了，信息层级一目了然；主展示面与信息展示面的风格统一，具有较强的视觉冲击力。

图 4-2 帝泊洱普洱珍茶包装——潘虎设计，Muse 国际创意大奖铂金奖作品

包装的主图形为一片茶叶，使用烫金工艺进行呈现，细节精致，叶脉清晰可见，配以优雅的宋体文字，凸显触感与质感的双重效果；蓝色与金色的对比搭配，尽显包装高贵深沉的气质特征；独特的推拉式开启结构，能够与消费者形成良好的互动。

二、书籍的版式设计

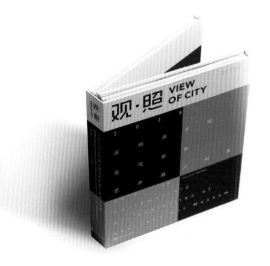

书籍不仅是文化与思想传播的载体，也是传递信息的媒介。书籍主要以纸张为媒介，以印刷为手段，但随着时代的进步与信息技术的发展，电子书也逐渐成为当代人阅读的重要方式之一。

书籍具有时效长、受众广、内容多、版面多的特点，再加之纸质书的设计受材料和工艺的制约，而由于电子书的设计受制作技术的影响，因此需要全方位综合考虑书籍的版式设计。

综上所述，书籍的版式设计应考虑以下三点：第一，书籍的版式设计要服从书籍的主题和内容，形成形神兼具的版面效果；第二，书籍的版式设计要充分考虑受众群体的特征，以合理的版面编排增强书籍内容的易读性，为读者提供一个良好的阅读体验；第三，书籍的版式设计要具有内容的针对性，针对不同的书籍版面内容去打造独一无二的版面效果，提升书籍信息传达的有效性。（图4-3、图4-4）

图4-3 《观·照——2018深圳美术馆当代影像艺术展》展览手册

该手册介绍了展览的活动概况，呈现了多张展览展出的城市发展中新旧对比的摄影照片，通过新旧影像的对比和艺术从业者对深圳生存经验的表达，反映改革开放40年来深圳这座城市的快速发展。手册的视觉设计遵循展览的主视觉风格，红、黄、蓝、绿的对比色搭配与几何图形的使用，使该手册极具现代感和艺术性。

图 4-4 《沂蒙田野实践》创意书——李艾霞、黄姝设计，2020 年度"最美的书"

《沂蒙田野实践》是一本风格独特、充满童趣的创意书籍，由作者李艾霞、黄姝带领 9 名大学生到沂蒙山区，与 22 个孩子共同创作、重新编制完成。该书打破了传统图画书制式，让孩子们尽情发挥天性，通过涂鸦、绘画、拼贴等方式，在游戏中自由创作，无论是蘑菇、石头，还是自画像、名作摹写，稚拙的图、纯真的色，无不激发了孩子们丰富的想象力。本书由多种形态载体汇聚而成，书中还加入了盲文和 UV 工艺，便于有视力障碍的读者阅读。

三、杂志的版式设计

杂志又称期刊，是围绕一个固定的主题将众多作者的作品汇集成册并定期出版的一种大众传播媒介。杂志的内容涵盖新闻报道、时事评论、专栏文章、研究报告、文学作品、漫画等类型。

由于受到互联网的冲击，许多纸质杂志已经开始被电子杂志所取代。与传统纸质杂志相比，电子杂志具有以下三个优点：第一，方便携带，读者可以在多种设备上阅读，如电脑、平板电脑、智能手机等；第二，交互性强，电子杂志可以通过视频、音频、动画等多媒体形式呈现内容，读者可以与之互动；第三，更新快速，电子杂志可以及时更新和修改内容，使读者更快获取新的信息。

杂志具有内容丰富、主题性强、图文混合编排等特点。因此，杂志的版式设计应当考虑以下三个方面内容：第一，要事先根据杂志的行业属性、市场定位和受众群体，明确杂志的风格基调；第二，杂志封面是展示杂志形象和主题的窗口，其版式设计应符合杂志的定位，体现杂志的重点内容；第三，杂志内页的编排既要连贯流畅，又要富有变化，确保读者在翻阅时保持新鲜感与拥有可读性。（图4-5、图4-6）

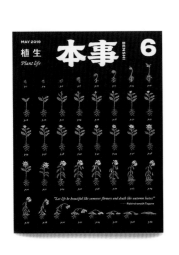

图4-5 《本事》杂志第6期"植物生活"——洋葱设计工作室

整本杂志风格统一、清新灵动。杂志的封面设计对植物生长的过程进行编排，内页水彩插画和摄影图片搭配使用，文字内容依据幅面大小进行灵活编排，图文相互呼应，既整齐美观又清晰流畅。

图 4-6 《时尚芭莎》电子杂志

《时尚芭莎》电子杂志，读者通过使用微信时尚芭莎小程序即可实现轻松阅读。版式编排适应移动设备的显示需求，通过上下滑动浏览文章，左右滑动切换文章。杂志的封面采用大幅面的图形编排，大气时尚；内页的信息有视频、动态图、链接等多种形式，图文并茂，交互性强。

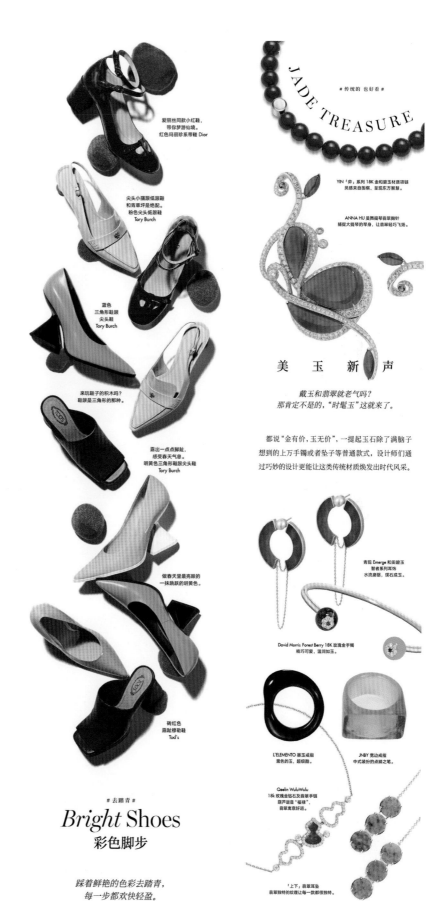

四、海报的版式设计

海报也称招贴，纸质招贴主要张贴于室内外环境空间，数字招贴则大量应用在网页、APP界面、微信H5等数字媒体之中。海报通常采用形象鲜明、冲击力强的视觉元素和简明扼要的文案设计制作，达到特定的宣传目的。海报可以分为商业海报、公益海报和文化海报三大类型。

海报具有尺幅多样、快速浏览、针对性强、创意性强的特点。因此，海报的版式设计应满足以下三个要求：第一，根据海报使用需求合理规划海报的版面尺寸，达到诱导受众关注、便于受众浏览的目的。第二，海报的版式设计应具有较强的视觉冲击力，达到瞬时吸引受众目光与快速传递信息的目的。第三，海报的版面应当具备鲜明的风格、独特的个性与高度的审美，突出要表现的主题与内容，在快速准确传递信息的同时，获得受众在情感上的交互与共鸣。（图4-7、图4-8）

图4-7 2020北京国际设计周—751国际设计节系列海报设计——朱超（北京薄荷品牌设计有限公司）

2020北京国际设计周—751国际设计节基于COVID-19大流行的社会背景提出了"超越边界"的核心主题，旨在讨论在这个特定的社会背景下，人与环境以及人与物之间的关系，唤醒人们发现生活美好的希望，传播社会的正能量。根据这一主题，朱超设计团队选择使用日常在线交流中简单直观、直击心灵的表情符号作为海报创作的基本元素。抽象化的表情符号与多种肌理、色彩组合搭配，形成了丰富的视觉效果。

图4-8 天猫国际中秋节动态海报

海报的设计使用了复古的色彩和肌理来营造回忆的氛围，简洁突出的版面编排符合移动设备的表现需求，丰富的动态效果则增添了海报的趣味性，展现了数字媒体动态表达的传播优势。

五、宣传品的版式设计

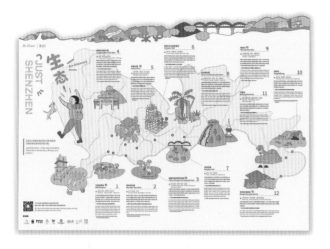

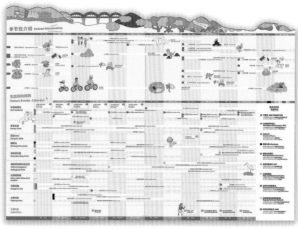

宣传品是具有特定宣传目的，以印刷品或数字媒体进行传播的一种广告形式。宣传品是现代社会中不可或缺的重要传播媒介，具有传达信息、促进销售、宣传推广、传播文化、树立形象的重要作用。

宣传品具有载体形式多、设计限制少、传播方式多样的特点，因此，宣传品的版式设计要遵循以下四个方面的要求：第一，要紧紧围绕宣传主题展开，做到重点内容突出，次要信息与主要信息相呼应。第二，要考虑纸质宣传品的结构尺寸、工艺材质和数字宣传品发布媒介的技术要求。第三，宣传品的版面风格不仅要符合宣传品的主题，还要考虑受众的审美喜好。第四，系列宣传品的版面风格要保持整体统一和单体变化的设计节奏。（图4-9、图4-10）

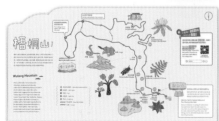

图4-9 深圳生态路线图

通过生动活泼的手绘插画、明亮的色彩、图文结合的版式编排营造出轻松、舒适的折页版面氛围。通过扫描折页上的二维码，还能参与线上答题进行实时互动，深度了解深圳生态公园，既实用又有趣。

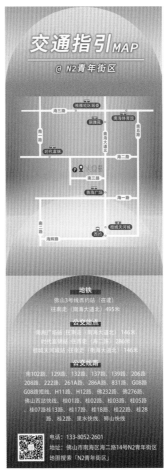

图4-10 "芽力"（YaaLik）
艺术周末线上宣传品

"芽力"代表着顽强、拼劲、春天、初芽。活动方希望以"芽力"为主题，以艺术周末的形式号召艺术家和设计师们充分发挥想象力，在这个春天将美学观念像种子般植入大地，生长出艺术的生机与活力。该活动的宣传品设计围绕"芽力"的主题思想，运用抽象图形表现艺术的破土萌芽，在想象的宇宙中穿梭遨游；创意字体、渐变色彩的应用为整个版面增添了奇幻、浪漫的气息。

六、网页的版式设计

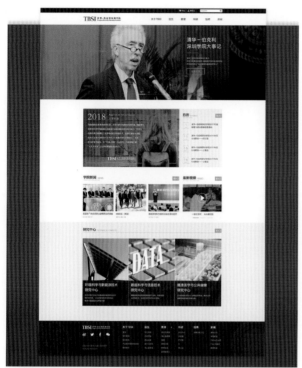

随着互联网的普及，网站已经成为一种普遍性的数字媒体平台，网站所需传达的信息承载于多个网页之中。通过规划网页的布局、设计图形、编排信息文字、搭配页面色彩、构建网页媒体等手段，达到传递信息、美化网页，为受众提供良好的使用体验的目的。

网页具有承载信息量多、多页面之间结构复杂的特点。同时，网页的多媒体复合信息传达的特点，也使网页版式设计体现出与传统媒体版式设计的诸多不同。第一，网页的版式设计，是在对网页结构进行整体规划基础上展开的，网页的结构形式决定了网页信息的组织、编排与呈现方式。第二，合理的网页尺寸也是网页版式设计的重要内容，由于网页的尺寸由显示器的大小和分辨率的高低决定，因此网页版面的内容编排须考虑当下主流的屏显范围，以获得最佳的显示效果。第三，即时的交互性是网页区别于传统媒介的特点之一，网页的版式设计需要通过醒目性的元素和创意性的编排引导用户在浏览时参与到人机互动中来，吸引用户的注意，提高网站的用户粘度。（图4-11、图4-12）

图4-11 清华-伯克利深圳学院网页——HOLY荷勒设计机构

网页使用极简设计风格与网格式的版式布局，让用户专注网页内容的同时，提升网页的专业性与现代感。专属的紫色系搭配的网页效果，不仅凸显了学院的形象，也充分展现了学院作为国际化专业高校的定位。

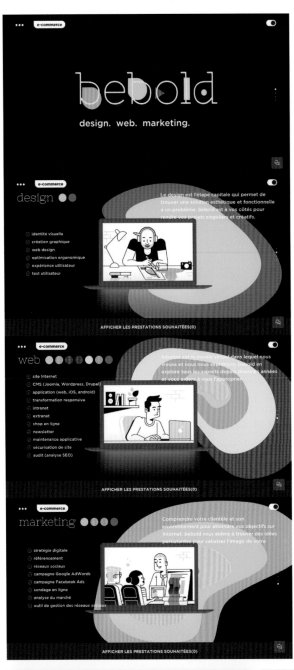

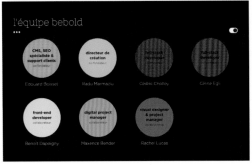

图 4-12 bebold 设计策划公司网站

网页结构简洁明了，视觉风格趣味时尚，色彩搭配对比强烈，网页的点击、切换运用多种动态效果，交互性强，给受众以愉悦轻松的浏览体验。

七、APP 的版式设计

APP 是英文 Application 的缩写，指智能手机或平板电脑上的第三方应用程序。APP 的版式设计指关于第三方应用程序图形用户界面的版式设计，APP 界面主要包括欢迎界面、登录界面与操作界面三种。

APP 界面具有交互频繁、版面小、版面多的特点，因此界面的版式设计要考虑以下四个方面的内容。第一，APP 的版面设计要首先以实现不同类型界面的功能需求为目的进行设计。同时，APP 界面的版式设计的重点不只是对界面的美化，而是要以用户的体验为核心，充分考虑如何通过版式设计强化人机交互的效率。第二，APP 界面经常需要跳转和切换，因此界面的版式风格要整体统一，以便给浏览者留下和谐的视觉印象。第三，APP 界面的版式设计要充分考虑版面布局的合理性，遵循用户自上而下、从左向右的浏览和操作习惯进行编排，并将同类别的功能群组化，保持界面的简洁和易读。第四，APP 界面中的视觉元素设计应符合用户的认知，文字编排清楚翔实，图形图标直观易懂，使用户能更容易理解和接受。（图 4-13、图 4-14）

码 4-1 版式
设计的应用

图 4-13 江苏银行手机银行 APP 界面——ARK 创新咨询

江苏银行手机银行 APP 界面的优化设计。在界面模块方面，将高频功能和重点业务入口提至界面顶端，使 APP 界面结构明晰，操作便捷；在视觉设计方面，以江苏银行品牌元素为设计核心，通过灵动柔和的视觉语言与色彩应用，呈现简约现代的设计风格，营造专业、科技、安全、智能的使用氛围，体现了江苏银行"服务智能亲和、金融亦有温度"的服务特色。

图 4-14 小猴启蒙 APP 界面

界面以模块化布局为主,功能清晰,视觉设计使用活跃的卡通图形和笔画圆润的字体搭配,色彩鲜艳明快,版面整体风格符合受众人群的性格特征。

实训练习

宣传折页设计练习

(1)实训内容

自选主题和内容设计一张宣传折页,可为对折页、三折页或者多折页等形式,要求信息内容规划合理,展示清晰,整体效果美观大方。

(2)实训目的

通过宣传折页的设计练习,初步了解宣传品版式设计的基本要求,同时在专业设计领域中对版式设计的应用有一个更加深入的了解,为后期学习宣传品设计奠定基础。

第五单元

宣传品设计概述

BANSHI YU
XUANCHUANPIN
SHEJI 版式与宣传品设计

通过本单元的学习，使学生认识宣传品设计的概念，理解宣传品设计的重要作用，同时了解宣传品的不同分类方式与形式，重点掌握宣传品的设计原则，从而为学习宣传品设计奠定良好的理论基础。

重难点

重点： 宣传品设计的概念、宣传品的分类
难点： 宣传品的功能、宣传品的设计原则

一、宣传品与宣传品设计

生活中，我们对宣传品并不陌生，它是电子设备里五花八门的促销宣传广告；是走在充满烟火气息的街道上随手接到的促销宣传单页；是丰富多彩的生活里居家使用的各种产品的说明手册；是琳琅满目的商店里随手可取的精美折页；是励精图治的企业里振奋人心的蓝图画卷；是充满人情味的社交礼仪中郑重邮寄或随礼品附赠的请束、祝福卡；是热闹非凡的活动现场中派发给观众的入场券、活动导览、活动纪念品；是人头攒动的公共场所里关注人们生活问题的互动装置……它广泛地存在于我们生活的方方面面，不仅影响着我们的消费习惯，还寄托着我们对美好生活的向往。

（一）宣传品的概念

宣传品指目标受众通过主动或被动的方式获取的一种用于宣传推广的产品，是承载宣传思想和主题内容的载体。从本质上讲，宣传品是一种广告，但相较于一般的广告而言，时效性长，针对性强；从形式上讲，宣传品分为物质载体和数字媒体，物质载体主要包括宣传海报、宣传册、宣传单、说明书、明信片等印刷媒介，数字媒体主要有广告宣传片、电子邀请函、宣传 H5、互动详情页等形式。（图 5-1 至图 5-8）

图 5-1 花西子"傣族印象系列"新品预售宣传海报

图 5-2 IKEA 宜家直邮宣传单

码 5-1 宣传品的设计

图 5-3 草间弥生当代艺术展销会宣传册

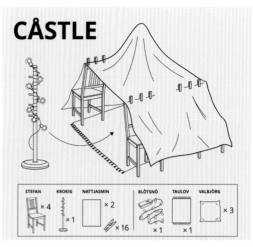

图 5-4 IKEA宜家游戏屋之"秘密城堡"说明书

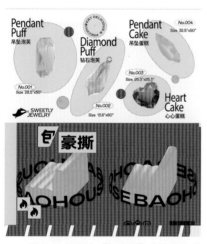

图 5-5 好利来"包豪撕"广告宣传片

图 5-6 京东物流电子邀请函

（二）宣传品的设计

宣传品设计是以广告设计理论为指导，以版式设计技巧为手段，以印刷品、数字技术或其他媒介为呈现形式的一项专业性、综合性较强的设计活动。设计师通过对目标宣传意图进行分析，经过调研、策划、设计、制作、投放等过程，最终使宣传品到达目标受众手中，实现信息传递和达到宣传目的。

宣传品设计有较为实用且明确的传达目的，有系统整体的视觉效果与方便快捷的获取形式等特征。同时，宣传品的设计几乎不受尺寸、结构、材质、媒介的限制，可根据主体需求灵活运用视觉、五感、交互等多元设计手法呈现。因此，宣传品通常展现出多姿多彩的结构形态、精妙绝伦的版面设计、巧夺天工的工艺制作和丰富多元的媒介呈现等设计特色。（图5-9至图5-12）

图 5-7 腾讯公益活动 H5

图 5-8 PET 全透潮牌展示盒详情页

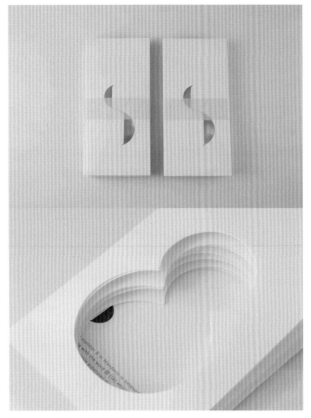

图 5-9 巧妙运用镂空的宣传折页

图 5-10 版面灵动的 2019 深圳设计周宣传海报

图 5-11 工艺考究的三维立体画册《场所与空间》

图 5-12 动态可交互的 2015 深圳设计周 H5

二、宣传品的功能

《画一张全家福吧》——IKEA 宜家静态交互宣传海报

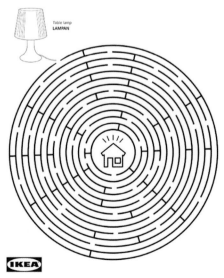

《每个家庭都需要光明》——IKEA 宜家静态交互宣传海报

图 5-13 IKEA 宣传海报

宣传品作为信息时代数字化背景下的一种信息传播媒介，除了具有广告媒介的功能属性以外，还以自身独特的功能优势在当下异常激烈的信息传播竞争中占据一席之地。归结而言，宣传品的功能主要包括以下三个方面的内容：

（一）传达信息、增强沟通

宣传品作为一种信息传播媒介，不仅能够有效传达信息，通过交互还可以促进宣传者与受众的交流。

一方面，通过宣传品丰富的视觉形式、多元的交互体验向受众准确传达相关信息。同时，通过邮寄、派发、赠予、现场自取、网络传输等渠道，更为及时、便捷地传达信息。

另一方面，宣传品是一种针对性较强的传播媒介，宣传者可以通过受众拿到宣传品的行为得到反馈，进一步深化对受众需求的了解与分析，及时优化和调整宣传内容、宣传形式和宣传方式，从而促进受众与宣传者的沟通。（图 5-13）

（二）促进销售、传播文化

宣传品是企业和商家营销推广的重要形式之一。其中，促进销售是商业宣传品最为重要的功能之一，同时，宣传品还具备展示品牌理念与企业文化的功能。

一方面，宣传品通过多种方式的投放来提高品牌的知名度与辨识度，达到吸引消费者关注的目的。此外，宣传品精美的视觉设计，能够激发消费者的购买欲望，从而产生购买行为，最终达到促进销售的目的。

另一方面，通过对企业和品牌形象的塑造，商业宣传品在传播的过程中，能够将企业或品牌主体所代表的核心理念与文化价值传递给消费者，并在一定程度上影响和教化消费者，进而提升消费者对品牌的信任。（图 5-14、图 5-15）

图 5-14 花西子玉女桃花蚕丝蜜粉饼宣传海报

图 5-15 花西子二十四节气——芒种宣传海报

（三）树立形象、展示魅力

宣传品是企业或品牌对外展示自身形象的一种有效手段，这是由于宣传品具有更强的针对性和目标性，同时以与受众近距离接触的方式，使其能够在细节中强化形象，在信息传递中彰显魅力。

一方面，宣传品契合主题和内容的形式设计能够有效帮助企业或品牌建立鲜明统一且易于被受众记忆和认知的整体形象，提升信息传达的有效性。

另一方面，宣传品所树立的外在形象，也是对于宣传者精神气质、个性特征与文化品位的综合体现，能够在受众心目中留下深刻的印象，提升受众对企业或品牌的认可。（图 5-16）

码 5-2 宣传品的功能

图 5-16 《马德里城市数据》宣传册——运用数据可视化展示城市特色

三、宣传品的分类

宣传品类型多样，几乎涵盖了我们生活的方方面面。随着时代的发展和社会的进步，传统印刷宣传品逐渐被数字宣传品所取代，宣传品的类型也随之发生变化。因此，从不同的角度去区分宣传品的类别，了解和掌握宣传品在不同内容、不同形式和不同投放媒介等方面的特点，是开展宣传品设计实践的前提。

（一）按内容分类

宣传品按宣传内容不同可以分为商业活动类、公益事业类、形象推广类、文化艺术类和休闲娱乐类五种。

1. 商业活动类

商业活动类宣传品指为新品推介、产品介绍、促销优惠、商业庆典等商业行为所设计的宣传物料，常见的有海报、宣传单、手册、礼品、展示牌、广告物料等，旨在吸引消费者、提高知名度、促进销售和提高营业额。

在设计商业活动类宣传品时，以能迅速吸引消费者的关注度和刺激购买欲为重点，突出宣传主题和特点，让消费者能够快速了解企业或品牌推出的产品或活动，起到宣传推广的作用。另外，由于商业活动类宣传品一般是即时性的宣传，且需求量大，但在消费者手中留存的有效时间却往往较为短暂，因此设计时还须考虑成本的控制。（图5-17、图5-18）

图5-17 天津天河城3周年庆典宣传海报与商场吊幅设计

图5-18 宁波印象城6周年庆典宣传海报与商场吊幅设计

2. 公益事业类

公益事业类宣传品指为了宣传医疗民生、爱心互助、抗震救灾、和谐生态、反对战争等公益活动所设计的宣传物料，常见的有海报、手册、视频、互动装置等，旨在向社会公众传递正能量，提高公众对公益事业的关注度、认可度和参与度。

公益类宣传品以唤起社会公众情感上的共鸣为设计初衷，因此须考虑其普适性和大众性，以便在宣传时更容易被大众关注和了解。另外，一般公益事业的宣传品需求量大，成本也受到制约，因而如何在有限的条件下做出无限的创意，使公益事业的内容和精神得到更广泛的传播，是设计师需要重点考虑的问题。（图 5-19）

码 5-3 宣传品的分类

图 5-19 腾讯公益"分手游戏"关爱阿尔兹海默症互动 H5

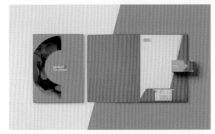

图 5-20 国际儿童基金会形象宣传品设计

3. 形象推广类

形象推广类宣传品主要指为不同机构或主体，如国家、城市、企业、机构、团体、个人等所设计的宣传物料，常见的有海报、网站、宣传册、广告、视频等，旨在通过宣传树立良好的形象，让受众对宣传者有一定的认知和了解，达到提升好感度和信任度的目的。因此，形象推广类宣传品的设计主要围绕主体的对外形象、组织架构、服务宗旨、精神理念等展开。

形象推广类宣传品设计以突出主体的价值观和文化理念为重点，且须符合主体的视觉设计规范。但对形象推广宣传品而言，鲜明形象特点的建立需要打破常规，寻求别具一格的宣传效果，因此需要在原有设计规范的基础之上做更深入、延展性更强的设计。（图 5-20）

4. 文化艺术类

文化艺术类宣传品指为各种文化艺术活动，如各种文化艺术展览、演出、拍卖会、发布会、讲座、主题活动等所设计的宣传物料，一般包括海报、手册、宣传单、邀请函、礼品、纪念品、电子邮件、视频等，目的是让各种文化艺术走进人们的视野，让新艺术拓宽人们的审美界域，让传统文化艺术得以传承发扬。因此，无论从目标受众的审美需求，还是从活动本身的文化性、艺术性来讲，都对其宣传品的设计有着更高的要求。

文化艺术类宣传品的设计，无论是在宣传策划方面，还是在设计印刷、制作工艺、投放形式及媒介选择等方面都以能明确体现活动主题和艺术特色为核心，让宣传品无论在形式、质感上还是精致程度及审美品位上，都能最大限度地传达出该活动的特色和艺术感染力，从而提高人们参与活动的热情。（图 5-21）

图 5-21 2015 台湾设计师周展览海报及其相关宣传物料

图 5-22 娱乐综艺"奇葩说"第六季的宣传物料设计与活动现场应用效果

5. 休闲娱乐类

休闲娱乐类宣传品指为各种休闲娱乐项目，如旅游、游戏、赛事、娱乐节目等活动所设计的宣传物料，常见的形式有海报、宣传单、服务手册、可视化地图、纪念品、多媒体、视频等，目的是促进消费者对休闲娱乐活动的认知，激发他们的兴趣，进而促进消费、提高收益。

在设计休闲娱乐类宣传品时，要以突出视觉吸引和服务体验为重点。首先，吸引消费者的关注，如各种形式的宣传海报、宣传单、多媒体宣传等，在设计上要以能够展现休闲娱乐项目的特色为主，营造强烈的休闲或娱乐氛围，以新颖的视觉创意和形态结构强化项目主题特色。其次，为消费者提供休闲娱乐服务的宣传品，如旅游地图、项目导览、特色纪念品等，在设计上要以突出实用性和便捷性为主，同时强化视觉形式的美观新颖，以获得消费者的青睐与关注。（图 5-22、图 5-23）

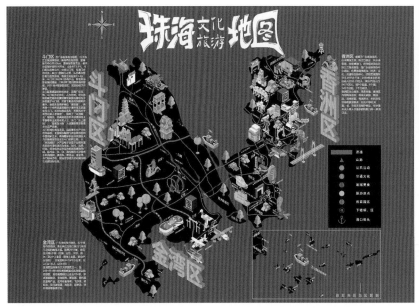
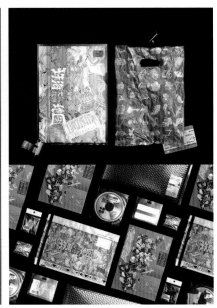

图 5-23 珠海文化旅游地图及其延展周边宣传品设计

（二）按形式分类

宣传品按照形式可以分为宣传海报、宣传册、宣传单、说明书、导览信息单、请柬和邀请函、门票和入场券、日历、贺卡、明信片等平面形态，以及其他立体实物形态和多媒体形态，包含宣传纪念品及其他宣传物料等。

1. 宣传海报

宣传海报用于展示产品、活动、服务等信息，根据宣传主题的不同需求，可分为单张宣传海报和系列宣传海报两种形式，主要通过张贴、悬挂或动态 H5 等方式进行展示和传播。宣传海报通常要先于活动时间开始传播，直至活动结束，因而存留时间相对较长。宣传海报的内容以表现宣传活动主题形象或主题内涵为主，根据需求放置与宣传活动相关的主题、时间、介绍、地点、方式、承办方等相关文字信息，其中活动主题文字信息一般作为核心内容进行突出设计。（图 5-24）

图 5-24 花西子"端午节""上巳节"系列宣传海报

2. 宣传册

宣传册用于介绍产品、服务、活动等，有印刷品和数字形成两种类型。印刷型宣传册由多张单页装订成册，通过邮寄、派发、展览自取等方式将宣传信息传达给受众；数字宣传册则以连续的可互动数字页面或视频形式呈现，通过网络进行传播。宣传册信息量大且丰富，受众阅读和使用时间较长，因而鲜明且极具吸引力的设计就显得尤为重要，信息内容的可读性与美观性应作为宣传册设计的重点。（图 5-25）

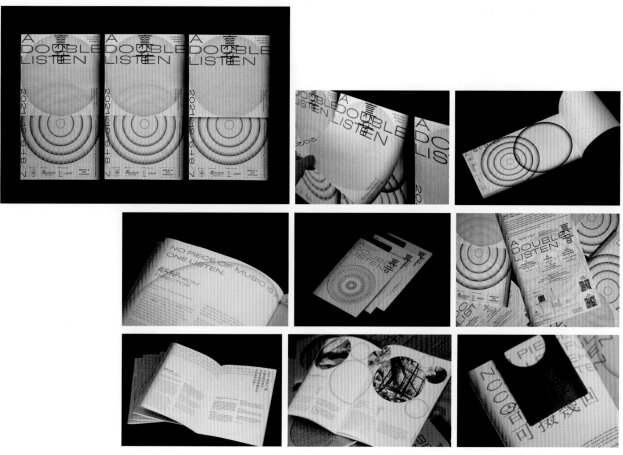

图 5-25 A Double Listen 打击乐展览活动宣传画册

3. 宣传单

宣传单又称为 DM 单,用以推广产品、活动、服务等信息。宣传单通常有两种形态,一种是以单张平面展现或折叠形式呈现的实体宣传品,另一种是以单页面或多页面滚动展示的数字宣传品。前者可通过邮寄、当面派发或现场自取的方式进行传递,后者则主要通过网络进行传播。DM 单在受众手中的留存时间较为短暂,需要及时抓住受众的注意力,因而内容信息往往比较简单明了,只针对某一信息点进行突出性的设计。(图 5-26、图 5-27)

4. 说明书

说明书是一种为了详细说明产品的成分构成或结构组成、使用方法、安装方法、售后维护或活动形式等实用信息的宣传品,是随产品一起被派送给受众的,有印刷型和数字型两种呈现方式。印刷型的说明书有单张、单张折叠或册页等形式,这类说明书通常以信息可视化的方式呈现,条理清晰,阅读连续性较强,可长期保存。数字型说明书可以通过视频、动画、图文、声音等多媒体形式与动态交互的形式呈现,主要通过产品自带、扫描二维码等方式获取,与印刷型说明书相比更加直观、更方便实用。(图 5-28、图 5-29)

码 5-4 宣传品设计的原则

图 5-27 天猫"猫公馆"电子宣传单

图 5-26 妇女节商业宣传单

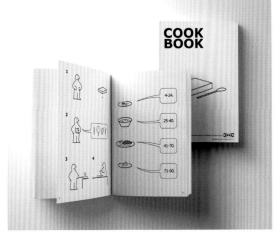

图 5-28 只需要简单 6 步便可获得美味的瑞典肉丸——IKEA 宜家料理说明书

图 5-29 IKEA 宜家料理动态说明书

5. 导览信息单

导览信息单是一种为人们提供指南信息类服务的宣传品，如购物指南、服务指南、旅游指南、活动导览、公共场所信息导览等。线下一般以现场自取或赠送的方式进行投放，通常为印刷的单页或折页形式。线上一般是以受众自行获取或 APP 推送的形式进行投放，通常是临时的活动界面详情页或是长期的可交互页面，设计内容以实用性的预告信息或指南服务为核心，主题突出，并结合信息可视化的设计方式使内容的获取更加便捷。（图 5-30、图 5-31）

图 5-30 中国台北城市手绘旅游导览地图

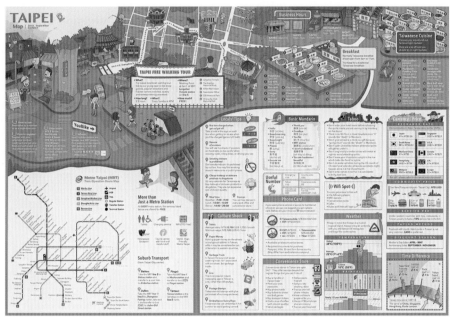

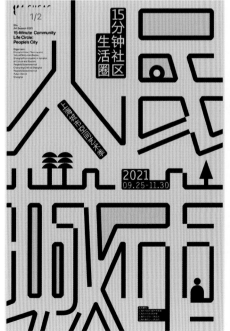

图 5-31 15 分钟社区生活圈 ——2021
上海城市艺术空间数字导览地图

6.请柬和邀请函

请柬和邀请函指有明确目标受众且针对性较强，以发出特定邀请为目的的宣传品。其有两种常见形式，一种是印制精美、造型丰富的印刷品，另一种是设计新颖、多效展示的数字型，多应用于商业庆典、公益活动、文化节日、艺术展览、社交礼仪等大型场合。设计内容主要对邀请对象、相关事宜、活动内容、活动时间、活动地点等信息进行明确展示；在设计风格方面，邀请函更为正式严谨，请柬则更加个性和艺术化。（图5-32、图5-33）

7.门票和入场券

门票和入场券是一种有广告宣传性质的入门凭证。其中，入场券的目标性更强，受众一般是指定的受邀群体；门票的受众则更为宽泛，多应用于展览展会、节庆典礼、主题活动、拍卖会、博物馆、景区、公园、游乐场所等，有印刷型和数字型两种形式。印刷型应用较为广泛，有一定的收藏价值，设计内容以与主题切合的视觉形象为主导，辅以有效时间、地点、票号、条码等信息的设计；数字型门票和入场券是近年来日益普及的一种形式，多使用二维码作为入门凭证，会配以相应的实用活动或场馆导览信息，因此设计要以简洁实用为主。（图5-34）

图5-32 卡贝媞VIP年度答谢宴邀请函

图5-33 巴宝莉发布会请柬

图5-34 2022北京冬奥会开幕式、闭幕式门票

8. 日历

日历是利用时间节点推送产品、服务、活动等内容，是与受众能够长期接触、有一定实用性且具备一定审美和收藏价值的宣传品。一般只针对特定的目标受众进行投放，是宣传者展示自我形象并体现人文关怀的有效途径。在当今时代，日历不再只以识记节日为设计目标，而是以互动性、装饰性和收藏性为设计重点，因此一般围绕宣传主题展开，月份、日期等信息则作为实用性设计的一部分进行展示，形式丰富多样。（图5-35、图5-36）

9. 贺卡

贺卡是一种融合广告宣传目的来表达祝福的宣传品，且针对特定受众投放，以增进产品与受众群体的情感交流，是一种充满人情味儿的表现形式。贺卡的设计要以表达祝福、传递温暖为主要目的，因而以精美的实物形态，尤其是设计巧妙、工艺精美的纸质贺卡为主要形式。虽然如今的电子贺卡更加方便快捷，有视听趣味，但实物贺卡所带来的触觉、嗅觉、味觉以及情感体验，是电子贺卡无法替代的。（图5-37）

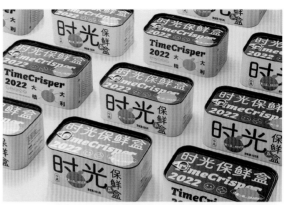

图 5-35 方正"时光保鲜盒"趣味日历

图 5-36 可以寄的邮票日历"寄日子"

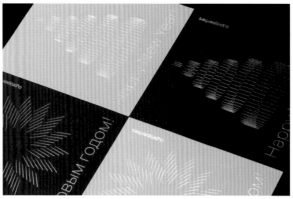

图5-37 以绽放的烟花为灵感设计的新年贺卡——莫斯科设计师Nika Levitskaya

图 5-38 中国邮政兔年明信片

10. 明信片

明信片是以展示产品、景点、人物、艺术等图像内容的宣传品，有单张或系列卡片两种形式，配以精致的封带或封套进行展示，可通过邮寄或现场赠送等方式传递，有一定收藏价值。内容以展示宣传主体的形象、特色或人文情感为主。设计时要着重凸显明信片的视觉美感，同时考虑印刷和工艺质感等方面的要求。（图 5-38）

11. 宣传纪念品

宣传纪念品指为展现宣传主体的形象或宣传活动的主题，精心设计制作的具有宣传、纪念与收藏意义的礼品。宣传纪念品通常是针对特定受众群体设计的，一般以半立体或立体的实物形态存在，配有品牌标志、名称、联系方式或二维码等信息，包括专门为宣传活动设计的纪念章、吉祥物、纪念版产品等，做工考究、质感精美，有较高的收藏价值。（图 5-39）

图 5-39 "澳门设计大奖纪念品设计大赛"获奖纪念品

12. 其他宣传物料

除了以上列举的较为常用的宣传品，还有一些用于辅助宣传的宣传品形式，如企业里的年度报表，作为宣传对象本身的小样、赠品，作为宣传主题周边的一些办公用品、文化衫、小礼品，为宣传活动现场烘托氛围的旗帜、手幅，为宣传主题推广的主题宣传片等多元丰富的宣传物料。

宣传物料的丰富多元有利于弥补单一宣传形式的单调和宣传内容不够全面的缺点，但需在保证宣传主题完整性的前提下进行宣传物料的差异化设计，且要避免因差异化太大而丢失了宣传主题的核心诉求，导致宣传主体的形象辨识度降低和信息传播力减弱。（图 5-40）

（三）按媒介分类

宣传品按照呈现媒介类别可以分为印刷宣传品、数字宣传品、其他媒介宣传品三种，不同媒介类型的宣传品在设计、制作与呈现方式上各有不同，因此设计时需要同步考虑不同媒介的形式特征。

1. 印刷宣传品

印刷宣传品是以印刷制作而成的宣传品类型，印刷宣传品的材料一般为各类纸张以及其他可印刷材料，其优点是普及度高、形式丰富、长期投放成本低、有一定收藏价值。因为，印刷品在某种程度上还存在着一定的环保问题，所以在设计中要选择更加环保的印刷材料，使用更为科学合理、可持续循环利用的形式设计。从形式上看，印刷宣传品通常有平面和立体两种存在形态。

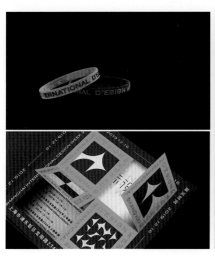

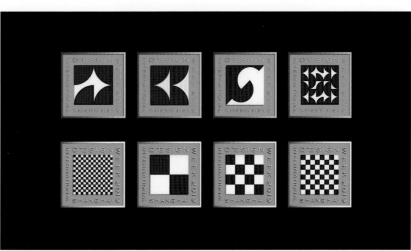

图 5-40 2019 上海国际设计周宣传物料中的胸针、手环和百变盒

（1）平面宣传品

平面宣传品指宣传品本身基本呈现水平方向上的变化，没有明显的结构起伏和触感变化，成品形态较为简洁单纯，是印刷类宣传品中应用最为普遍、最为常见的一种形式，如各种形状的宣传册、宣传单、明信片、邀请函等。

（2）立体宣传品

立体宣传品是相对于平面宣传品而言的，这种宣传品有半立体式、立体式、互动式等类型。立体宣传品印刷完成后，一般通过折叠、裁剪、连接等方式成型。常见的立体宣传品有立体贺卡、邀请函、实体宣传周边、纪念品、礼品等。因为纸张具有优异的立体造型能力，所以立体宣传品选材主要以纸质为主。（图5-41、图5-42）

图 5-41 半立体式宣传折页

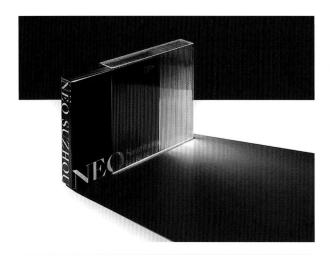

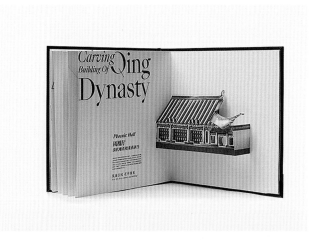

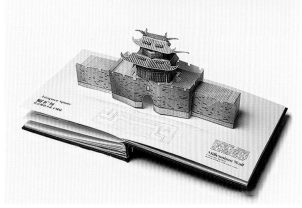

图 5-42 苏州城市建筑宣传画册——互动立体式宣传品

2. 数字宣传品

数字宣传品指通过数字化和多媒体融合的形式设计制作，利用网络媒体进行传播的宣传品类型。常见的数字宣传品有广告宣传片、电子邀请函、活动宣传 H5、互动详情页等。

数字宣传品除了拥有实体宣传品的视觉传达特性外，还能够融入声音、动画、视频、交互等多媒体信息传播方式，为受众提供了更丰富多元的感官体验。同时，数字宣传品传播速度快，在追踪用户使用数据和反馈问题方面为宣传者提供更为准确和可靠的数据。另外，在受众阅览完数字宣传品后即可自由选择删除或转发给他人，不占用实体资源，拥有印刷宣传品不具备的环保节能优势。（图 5-43）

3. 其他媒介宣传品

随着互联网与信息技术的不断发展，新兴媒介的开发和使用丰富了宣传品的呈现形式与设计空间，如利用声、光、电等形式进行展示的宣传品，利用 VR 或 AR 等技术投放展示的宣传品等，不仅开拓了宣传品设计的表现形式，更在一定程度上提升了宣传品体验的维度。

图 5-43 可口可乐动态海报——瑞士设计师 Emphase S à rl

四、宣传品的设计原则

　　宣传品作为一种信息传播媒介，其设计原则的制定必须结合时代发展背景与当下信息传播方式、宣传品设计的概念、功能价值及分类特点，进行全面综合的考量。因此，宣传品设计应当遵守理论的准确性与实践的适用性两个原则。归结而言，宣传品的设计原则主要包括恰当的宣传形式、有效的视觉传达、多元的展示形态三个方面。

（一）恰当的宣传形式

　　恰当的宣传形式是宣传品设计的首要原则，是实现宣传品信息传播的针对性和实效性的先决条件。从宣传品的功能和分类中可以看出，我们面对不同的功能诉求需要具备针对性的宣传策略；不同的宣传内容需要有合适的宣传定位；不同的宣传品形式有不同的宣传作用；不同的媒介类型有不同的宣传效果；不同成本、资源等条件的限制也在一定程度上影响着宣传品的投入和取舍。因此，只有选择恰当的宣传形式，才能达到理想的宣传效果和得到受众的广泛认可。

　　如何选择恰当的宣传形式，在宣传品设计之初，设计师须充分考虑宣传诉求及主题内容，再结合宣传环境和受众情况，制定出合理的宣传策略，有效地利用媒介优势选择既能满足宣传诉求，又能符合主题内涵，还可以最大限度发挥宣传品优势与达成目标的宣传形式，以获得有效、持久的宣传效果。

（二）有效的视觉传达

　　有效的视觉传达是实现宣传品信息传播功能的根本原则，也是衡量有效宣传的标准。宣传品在传播的过程中，除了少数具有长期使用价值和收藏价值外，绝大部分宣传品在受众手中停留的时间并不长久，尤其是在当下，人们愿意花在碎片化信息上的时间越来越少。因此，宣传品的设计，要求能够在短时间内迅速吸引受众目光，将信息准确传达给目标受众。

　　要实现宣传品有效的视觉传达，就要求设计者在对宣传品主题进行深刻的理解和思考的基础上，通过准确的设计定位，将信息进行整合分级与创意设计，同时利用不同媒介表现特点与使用体验，将功能与审美紧密结合，从而达到在感官上吸引受众，在使用中打动受众的宣传目的。

（三）多元的展示形态

　　多元的展示形态也是宣传品的重要设计原则，是宣传品能否将内容精准、有效地传播给受众的关键。使用多种宣传品进行组合宣传是当代宣传活动的特点之一，这是因为不同宣传品的形式特点和宣传优势各不相同，使用场景与投放环境也各不相同，再加上受众对于宣传品的审美喜好也有差异。因此拥有多元展示形态的宣传品，才能够满足不同情况下不同用户的使用需求。

宣传品多元展示形态的实现，需要设计者明确宣传主题与各宣传要素之间的关系与侧重点，并熟悉多种宣传载体的特点和不同媒介类型的优势。在设计时，充分运用这些载体的展示特点，利用多种媒介差异化的传播与体验方式，将信息的展示变得生动且多元化，从多个角度提升受众获取资讯时的新鲜感和愉悦感，从而进一步提高宣传主题的影响力和宣传效益。（图5-44）

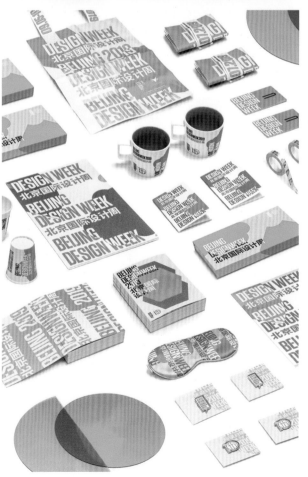

图5-44 2019北京国际设计周宣传海报与宣传物料设计

实训练习

优秀宣传品收集

（1）实训内容

根据所学相关理论知识，分别从内容、形式和媒介三个角度收集优秀的宣传品，并进行鉴赏分析。

（2）实训目的

学生通过收集不同类别的优秀作品，增加对于宣传品设计相关知识点的了解，在提升审美品位的同时增强其创意思维能力。

第六单元

宣传品设计

BANSHI YU
XUANCHUANPIN
SHEJI 版式与宣传品设计

教学目的

通过本单元的学习，使学生了解宣传品设计的相关流程，重点理解宣传品设计的要素，熟练掌握宣传品的设计技能。

重难点

重点： 宣传品设计的流程、宣传品设计的内容

难点： 宣传品设计的内容

一、宣传品设计的流程

宣传品设计是一项具有较强针对性的设计项目，其设计的流程主要包括需求分析、市场调研、整体策划、设计制作、投放反馈五个环节。

（一）需求分析

需求分析指沟通并了解客户需求，明确宣传目的。需求分析是宣传品设计的前提和基础。在这个环节，不仅要充分了解项目的宣传主题、宣传内容、投入成本、宣传目的和预期效果等方面的要求，还要结合当前项目方所提供的信息内容与相关设计资料，综合分析项目的核心与有效信息，为下一个阶段的工作奠定基础。

（二）市场调研

宣传品设计的市场调研指对宣传对象所处的市场和目标受众进行调研与分析。市场调研的目的是充分了解项目方的同类竞争对手及宣传品应用的情况，明确项目方在竞争中的优势和劣势。同时，通过对目标受众性别、年龄、受教育层次、职业、行为习惯、审美喜好等方面的了解，分析受众更易接受的宣传形式，制定有针对性和目的性的宣传品设计方案，确保达到理想的宣传效果。

（三）整体策划

宣传品设计的整体策划指宣传品从策划定位、设计制作到执行反馈的整体规划。整体策划在整个宣传品设计流程中起着承上启下的作用，是整个设计流程中的核心环节，其重要性不言而喻。在前期工作的基础上，明确宣传品设计的内容与形式，敲定成本与交付时间；而后，根据前期的市场调研，确定宣传品的类别与风格形式、结构材质、色彩基调等内容，形成一个较为完整的设计方案。

（四）设计制作

宣传品的设计制作指以前期整体策划确定的设计方向为基础进行的视觉设计与后期制作。

（五）投放反馈

宣传品的投放反馈指宣传品的投放使用与监测反馈。宣传品的类别多元，其投放的渠道也不一样，投放渠道的选择是宣传品能否达到预期目标的重要影响因素。宣传品投放使用后的检测方法有很多，需根据宣传品的投放形式进行选择，如现场反馈、问卷调查、统计调查等。检测的内容主要包含对受众注意力的吸引程度、受众的接受程度、宣传受益情况三个方面。通过反馈数据找出宣传品的不足之处，从而为项目方与设计师完善宣传品提供帮助。

二、宣传品设计的内容

宣传品设计的内容主要包括开本与结构、风格与版面、材质与工艺三个方面。设计时，三者需要相互配合并整体协调，这样才能使宣传品最终达到功能与审美结合、形式与内容统一的整体效果。

（一）形式的意趣美——宣传品的开本与结构

1. 宣传品的开本尺寸

宣传品的开本指宣传品的尺寸大小和外观形态，是宣传品设计制作中不可或缺的一环。宣传品因内容、功能和使用环境不同，开本的设计也大相径庭，如印刷型宣传品中常见的长方形、正方形、圆形、三角形以及不规则异形开本等，数字型宣传品中电脑、手机、智能手表等各种移动设备的界面形态等。（图6-1至图6-4）

图6-1 《梵蒂冈博物馆全品珍藏》画册——方形开本

图6-2 《圆盘中的海洋》趣味图书——圆形开本

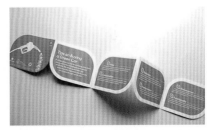

图6-3 宣传折页——异形开本（叶子形）

图 6-4 宣传折页——圆锥形开本

图 6-5 蛋糕店新品推介宣传单——A4 开本

（1）开本尺寸的选择

印刷宣传品的开本选择需要综合考虑以下三个方面：第一，根据宣传品的内容选择合适的开本，如 A4 开本可以用于呈现精美的图像和详细的文字，A5 开本则更适合呈现简洁明了的信息；第二，根据宣传品的功能选择合适的开本，如 A4 或 A5 常用于宣传册、宣传折页的制作，而 A6 或者 A7 开本往往适用于门票、入场券的设计制作等；第三，根据宣传品的传播途径选择合适的开本，如直邮寄出的宣传品可以选择较小的开本，这样既能节省成本又方便用户使用。（图 6-5 至图 6-7）

数字宣传品的尺寸由于不受印刷和机器设备的限制，因而尺寸选择的自由度相对较高，但依然需考虑投放设备及投放平台的界面尺寸。常用的设计尺寸有 750 像素 ×1334 像素和 1080 像素 ×1920 像素。由于不同品牌、不同型号的移动设备尺寸和分辨率相差较大，因而应采用自适应布局，以适应不同尺寸和分辨率的设备。（图 6-8）

（2）开本的类型

开本指印刷纸张规格大小的分类标准。国际上通常以字母和数字组合的方式表示，如 A4、B5、C6 等，其中字母代表的是不同的纸张规格，数字代表的是纸张的对折次数。在我国，一张按国家标准分切好的平板原纸可以等分成多少张纸即是多少开，如常见的 16 开、32 开、64 开等，即一张完整的平板原纸分别可以等分为 16、32、64 张纸。

图 6-6 美食日历手册——A5 开本

图 6-7 入场券——小型条状开

图 6-8 数字宣传品——自适应布局

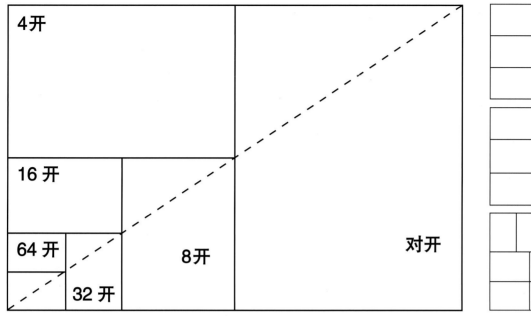

图 6-9 全开纸的常规开本方法

图 6-10 从上至下依次是：正开法、叉开法和混开法三种纸张的开本方法

按我国标准分切好的平板原纸又称为全开纸，由于国际上和国内全开纸的标准规格不同，同一开数的尺寸大小不尽相同。在国内常用的印刷用纸中，尺寸为 787 mm×1092 mm 的全开纸称为正度纸，尺寸为 889 mm×1194 mm 的全开纸称为大度纸，这两种规格的纸同样的开数、尺寸和称谓都有不同，如大度 16 开（210 mm×285 mm）、32 开（140 mm×210 mm）、64 开（100 mm×140 mm），正度 16 开（185 mm×260 mm）、32 开（125 mm×185 mm）、64 开（80 mm×120 mm）等。另外，除了按 2 的倍数等分外，还可根据实际需要选择其他的裁切方法，如按单一方向裁切的正开法、横竖搭配的叉开法以及有多种尺寸需求的混开法等。（图 6-9、图 6-10）

除了大度纸和正度纸的开本以外，还有 A 系列、B 系列和 C 系列开本（图 6-11）：

A 系列开本——以 A0 为基础，从大到小依次是 A1、A2、A3、A4、A5……A10。其中 A4、A5 是最常用的开本，尺寸分别为 210 mm×297 mm、148 mm×210 mm，多用于宣传册、宣传单、说明书等宣传品的设计制作。

B 系列开本——以 B0 为基础，从大到小依次是 B1、B2、B3、B4、B5……B10。其中 B4 和 B5 是最常用的开本，尺寸分别为 250 mm×353 mm、176 mm×250 mm，B4 常用于宣传海报的制作，而 B5 则更适于宣传册等宣传品的制作。

C 系列开本——以 C0 为基础，从大到小依次是 C1、C2、C3、C4、C5……C10。其中 C4 和 C5 是最常用的开本，尺寸分别为 229 mm×324 mm、162 mm×229 mm，C4 常用于文件袋、信封等的制作，而 C5 则更适于宣传单、贺卡等宣传品的制作。

其他非标准开本有 12 开、18 开、20 开、24 开、28 开、36 开等，虽然开料麻烦，但在宣传品的开本设计中亦常有应用。

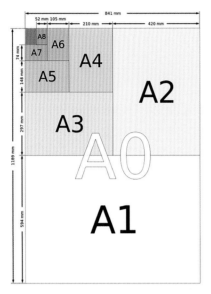
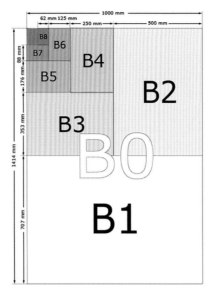
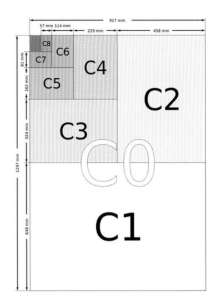

图 6-11 A、B、C 三种系列纸张的开本方法和尺寸

2. 宣传品的结构设计

宣传品的结构设计指以印刷为代表的实体宣传品的折叠方式、装订形式等结构设计和数字宣传品的交互方式两方面内容。优秀的结构设计能给受众带来美好的感官体验和愉悦的使用体验。宣传品因内容、目的和受众需求的不同，其结构的设计也千变万化，我们要根据实际需求进行综合考虑，选择合适的结构设计方案。

（1）印刷宣传品的结构设计

按照成型方法的不同，印刷宣传品的结构设计可以分为折页式与装订式两种类型：

①折页

折页指通过折叠组合多个页面的成型方式。折页的方式不仅关系到宣传品内容的装载与呈现，还决定着宣传品的外观形态和使用方式。常见的折页方式有单向折页、多向折页和异形折页三种。

单向折页指向同一个方向折叠，有正背两个面可以承载视觉信息。单向折页可以是纯平面的单页，也可以是对折页或一个方向上的多折页面；多折页面可以是水平方向的折叠方式，也可以是垂直方向的折叠方式，通过折叠将纸张分成几条，即称为"几折页"，如将一张纸向一个方向折叠两次分为三条即为"三折页"。（图 6-12、图 6-13）

多向折页指同一个页面有两种或两种以上不同折叠方向的宣传品，折叠形式有对向折叠、反向折叠、正反双向折叠等，折叠方向有水平折叠、垂直折叠、斜线折叠等。（图 6-14 至图 6-16）

异形折页指除了上述两种常规折页方式以外的折页类型，这种折页形式往往以三维立体的方式呈现，再加之镂空、开口、裁切等手法的应用，能够使宣传品呈现出更加丰富的结构形态。（图 6-17、图 6-18）

图 6-12 垂直方向的单向折页

图 6-13 水平方向的单向折页

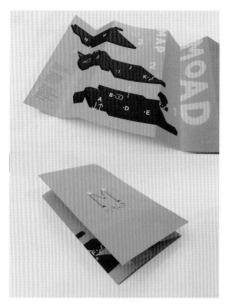

图 6-14 水平方向正反折法的多向折页

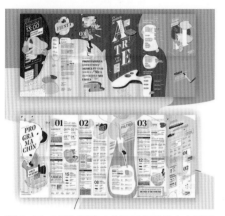

图 6-15 水平和垂直方向两种折法的多向折页

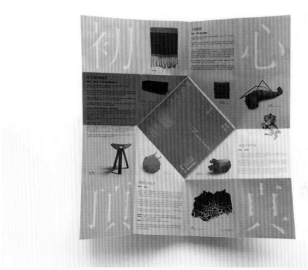

图 6-16 水平、垂直、斜线多种折法的多向折页

图 6-17 边缘沿图裁剪的异形折页

图 6-18 采用镂空手法的异形折页

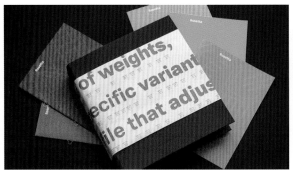

图 6-19 *ROSETTA TYPE SPECIMENS AND BINDER* 宣传册——采用了精装、圈装、骑马订多种装订方式

②装订

装订指通过各种装订形式来组合多个页面的宣传品成型方式，使用装订的宣传品一般页面较多，常见的宣传品装订方式有骑马钉、圈装、胶装、锁线胶装、精装等，以及根据一些个性需求采用的特殊装订方式。（图 6-19）

骑马钉指将多张纸平铺叠放在一起，由两个或多个骑马钉固定，将封面和内页装订成册的方式，具有简单、便捷、经济的特点。

圈装又称环装，指将散页式的宣传品用金属或塑料的圆环固定在一起的方式，类似于将钥匙穿进钥匙圈的方式。这种方式更加灵活，可以装订不同材质和大小的页面，适用于内容较多、种类丰富需要归档或经常翻阅的宣传品。

胶装指用胶粘材料将宣传品的所有页面黏合在一起的装订方式。这种方式可以插入多种质感不同的纸张和特殊材质，且外观更加平整简洁，适用于需要展示高质量形象的宣传品。（图 6-20）

锁线胶装指在胶装的基础上，先用线将宣传品的内页串联成册，再用胶粘材料进行黏合的装订方式。这种方式更加牢固耐用，适用于页面较多、体量较大的宣传品。（图 6-21）

精装指先用锁线胶装的方式将宣传品的内页串联成册，再经过压平、扒圆、起脊、粘书脊布、粘书签带、贴堵头布等工序，最后将硬纸板制作的封面和书脊进行粘贴，为宣传品提供强度支撑的一种装订方式。精装更加坚固精美，质感更好，是一种高档、高质的装订方式，适用于注重彰显品质需求的宣传册。

除了上述几种常规的装订方式以外，还有可以体现设计师独特创意的特殊装订方式，如函套、绳结、扣子、铆钉等特殊的装订形式，这些装订形式新颖小众，适用于追求个性表达的宣传品。（图 6-22）

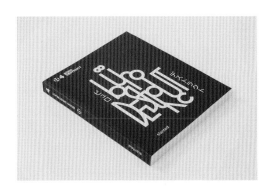

图 6-20 *Büro Destruct 4* 宣传画册——胶装

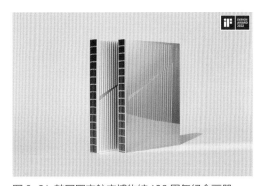

图 6-21 韩国国家航空博物馆 100 周年纪念画册——裸背锁线胶装

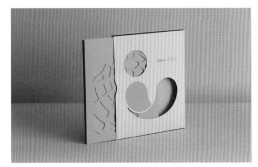

图 6-22 Ideia Urbana 规划设计公司宣传册——函套

图 6-23 2016 年 Make Me Pulse 品牌移动宣传广告 H5

通过长按界面中的按钮，会陆续出现几个词汇，停止长按后，会随机出现一个单词，通过滑动、拖拽会出现不同动态特效。

图 6-24 嘉瓦士山岳影展宣传品

整套宣传品以嘉瓦士品牌的蓝色为主色调，将户外极限运动的摄影图片作为主体图形元素，主体图形与标题文字突破边界的表现方式，营造了极具动感的现代风格，展示了无极限的运动和冒险精神。

码 6-1 数字宣传品的结构设计

（2）数字宣传品的结构设计

数字宣传品的结构设计指针对其交互形式的设计，主要有以下五种常见的形式：

滑动指通过上下左右滑动界面来实现内容的切换，如滚动触发动画、刷新页面等。

点击指通过点击按钮、图像或链接来实现内容切换、页面跳转、窗口弹出等。

拖拽指通过鼠标或手指的拖拽来实现内容的移动、排序或设置等。

触摸指通过用手指在屏幕上滑动、点击、缩放等进行交互。

语音识别指通过语音识别技术，用户可以根据语音指令完成操作，适用于有虚拟助手的移动设备等情景。（图 6-23）

（二）内容的编排美——宣传品的风格与版面

1. 宣传品的风格定位

在宣传品设计中，风格定位是宣传品设计的基础。宣传品的风格定位指根据宣传品的主题内容与受众群体的审美喜好，结合宣传品的类型，为宣传品制定一个符合宣传需求的风格形式。在宣传品设计的前期，风格是关于宣传品具体设计的方向导引，能够形成关于宣传品在图形构造、色彩表达、文字编排等方面清晰明确的设计方案表达，使宣传品的版式设计能够有条不紊地进行，其重要性不言而喻；在宣传品设计完成之后，风格又是宣传品设计的具体形式表述，能够赋予宣传品统一、鲜明的整体视觉印象，更好地实现宣传品的功能与价值。

具体而言，宣传品的风格定位应从四个方面进行综合考虑。第一，商业宣传品的风格需根据企业或品牌形象进行定位，以保证宣传品的风格与企业或品牌的形象风格相匹配。第二，宣传品的风格定位主要由宣传品的主题与内容决定。第三，不同年龄、性别、地域等层面的受众有不同的审美喜好、消费习惯与文化背景，需根据受众的偏好确定宣传品的风格。第四，每个行业都有其独特的社会环境与市场规范，因此宣传品的设计风格还需结合行业特点进行选择。（图 6-24、图 6-25）

图 6-25 某品牌电吹风详情页

作品使用与产品颜色相匹配的复古配色，古典的图形元素与版面编排营造了浓郁的欧式古典风格。

码 6-2 宣传品的版面设计——版面的要素

2. 宣传品的版面设计

宣传品的版面设计指根据宣传品主题与内容的表现需求，结合宣传品的形式特征，对宣传内容进行设计与编排。归结而言，宣传品的版面设计主要包含以下两个方面的内容：

（1）版面的要素

宣传品的版面要素主要包括图形、色彩与文字三个方面。在纸质宣传品中，图形、色彩与文字三要素均以静态的形式呈现，因此要充分结合版式设计的原理进行创意设计。

首先，宣传品图形的设计要围绕宣传品的主题展开，针对不同的图形形式与版面风格进行创意变化与设计处理，凸显图形之于宣传品的信息传达与审美表现的重要作用。其次，建立极具整体感与关联性的色彩基调是宣传品色彩设计的重点，结合宣传品的类型与受众的喜好进行色彩设计，能够增强宣传品的视觉表现力和感染力。最后，宣传品的文字分为信息文字与装饰文字两种，信息文字的设计要满足识别性、可读性和完整性三个方面的要求，要充分利用文字编排的手法对文字信息进行分级处理与编排，提升信息文字的阅读体验；装饰文字不传递信息，仅以美化版面为目标，因此要根据版面风格进行设计，起到突出主题、美化版面的作用。此外，装饰文字的设计要有可控性，不能对版面形成视觉干扰。

在数字宣传品的设计中，图形、色彩、文字三要素除了在上述静态形式方面的设计外，还需要充分考虑三者动态效果的设计表现，特别是版面中主体图形的动作效果的呈现，需要依据宣传品的主题内容与风格定位进行创意设计。辅助视觉元素的动态设计，则需要以突出主体图形为目标，服从版面整体风格，强化数字宣传品版面动态效果的节奏与变化、统一与整体。（图 6-26）

图 6-26 2018 北京国际设计周展览活动宣传品

在该作品中，核心视觉要素在不同形式的宣传品之间灵活表现，既有个体的变化，又有整体的统一，为
2018 北京国际设计周营造了个性鲜明的整体形象。

（2）版面的布局

合理规划版面的布局是宣传品版式设计的重要内容。宣传品版面的布局结构首先取决于宣传品的形式类别，如宣传海报、宣传册、说明书、邀请函、门票等，都有其相对固定的信息模块与呈现方式。因此，了解不同类型宣传品的版面形式特征，是进行宣传品版面布局的基础。其次，宣传品的主题与内容也是制约版面布局的重要因素，整体内容的多与少，图片内容与文字内容的比例，是宣传品版面布局的基准。再次，宣传品的版面布局还需要充分考虑受众的阅读习惯。通常，从左至右、从上至下、顺时针旋转，符合大多数人的阅读习惯。因此，在宣传品的版面布局中，明确信息内容的观看顺序，结合版式设计的视觉流程，设计出信息层级明确、阅读条理清晰的版面布局结构，以满足宣传品信息传达、宣传推广与视觉审美的多元化需求。（图6-27）

（三）表现的质感美——宣传品的材质与工艺

宣传品的材质与工艺主要指以印刷为代表的实体宣传品的表现材质与感官体验等方面的加工设计，目的是更好地展现宣传品的品质与特色，提升宣传品的整体美感，营造更加良好的使用体验，最终达到理想的宣传效果。宣传品的材质与工艺主要包括纸张选择与工艺支持两个方面内容。

1. 宣传品的纸张选择

纸张是宣传品的承印物，用于承印宣传品的内容，能够直接反映宣传品制作品质的高低和触感的优劣，是与受众密切接触且直接影响使用体验的重要因素。恰当的纸张选择可以更好地诠释宣传内容，可以将视觉与触觉完美结合，提升宣传品的品质。

纸张的种类繁多，且特性各不相同。根据使用目的，常把纸张分为普通印刷用纸和特种艺术纸两大类，常见的普通印刷纸有铜版纸、哑粉纸、胶版纸、白卡纸、硫酸纸等。除此之外，在宣传品的设计与制作中，

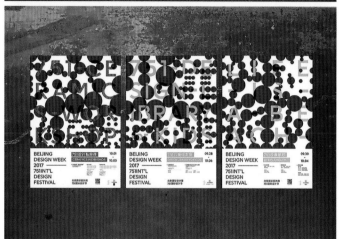

图6-27 2017北京国际设计周展览活动宣传品

该作品的版面布局充分结合了不同宣传品的版面特征与活动主题，统一的版面布局为展览活动构建了一个鲜明的整体形象。

纸张的选择还需要考虑厚度、密度、光泽度以及韧性等因素。

（1）普通印刷用纸的种类及特点

铜版纸：表面平整光滑、光泽度高，色彩还原度好，对图文的层次质感还原度高，且成本低，有单面铜版纸、双面铜版纸、哑光铜版纸与有光铜版纸等类型。

哑粉纸：表面有一层哑光涂层，质地细腻平滑，印刷效果精致高雅。

胶版纸：质地紧密平滑，伸缩性小，抗水能力强，多色套印色彩准确，色彩持久不易脱色，分为单面胶版纸和双面胶版纸。

白卡纸：表面光滑耐磨，厚度适宜，吸墨性好，纤维组织均匀，有较好的韧性和耐折度。

硫酸纸：纸质紧密坚韧，呈半透明状，印刷效果别具一格。

（2）特种艺术纸

特种艺术纸是一类具有较高的装饰性、观赏性和特殊用途的纸张类型，其种类繁多，常见的有珠光纸、金银卡纸、彩虹纸、磨砂纸、绸缎纸、皮革纸等。特种艺术纸在颜色、光泽、透明度、纹理等方面都比普通的印刷纸更加突出和优异，具有更强的个性。（图6-28、图6-29）

图6-28 Hanseatic Bank 银行年报画册设计——使用PVC胶片插页与普通印刷纸结合

图6-29 《芝山文化生态公园》宣传画册——特种艺术纸印刷

2. 宣传品的工艺支持

宣传品的工艺设计指在制作宣传品时，结合宣传品的定位和印刷材料特点，选择合适的工艺，将视觉设计转换为显示效果的过程。通过印刷工艺的支持，不仅可以提升宣传品的质感、品位，还可以增强其视觉美感与观赏性，并延长使用寿命。归结而言，常见的印刷工艺有以下六种：（图6-30）

电化铝烫印，包含烫金、烫银、烫彩等工艺，是一种不用油墨印刷的特殊工艺。利用热压转移的原理，将金属涂层转印到承印物表面以形成特殊的金属效果。

压纹，通过在纸张表面进行压纹处理，可以形成不同的纹理和图案，压纹的效果可以根据不同的纸张、压力和温度来定制。

模切是根据设计形状的要求，将钢刀片排列成相应的形状，再进行切割的工艺形式。

凹凸是利用凸版和凹版在承印物上压印出凹凸效果的加工工艺，这种加工工艺能够在纸张等材料表面形成立体感的图形。

覆膜指将透明塑料薄膜通过热压的方式覆贴到印刷品表面，起保护、抗污染及装饰的作用，膜的类型主要有亮膜、哑膜和特殊纹理膜等，覆膜的方式可以是单面覆膜，也可以是双面覆膜。

上光指将无色透明的涂料，涂、喷或压在印刷品表面，然后经过流平、干燥和压光，形成均匀透明的光亮层，起防潮、抗污和增强光泽度的作用，主要分为UV上光和涂料上光。

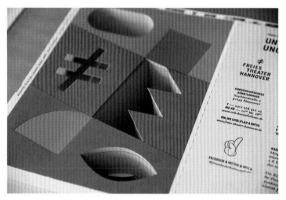

图6-30 *FREIES THEATER HANNOVER* 创意宣传册

该宣传册整体使用模切工艺制作异形和镂空效果，封面使用凹凸和烫金工艺来提升宣传册的品质。

三、宣传品设计的未来发展趋势

宣传品的设计从平面单一到立体多元，从静态呈现到动态交互，从印刷媒介到数字媒体，宣传品发展变化的每一步，都受到时代发展、技术进步、信息传播方式变化和受众审美变化等多方面因素的影响。互联网与信息技术发展改变了信息的传播方式，为宣传品的设计提供了更多的媒介选择；印刷工艺和新型科技材料的革新，为宣传品的设计拓宽了创意与表现的空间；当代人重视精神需求，关注艺术审美的趋势，由此提出了更多情感表达方面的需求。因此，宣传品设计的总体发展趋势，主要表现为独特新颖的设计形式、多元交互的传播手段、内涵丰富的情感体验三个方面。

（一）独特新颖的设计形式

在未来，独特新颖的设计形式依然会成为宣传品设计一大发展趋势。首先，在数字媒体技术的支持下，多媒体联合运用的呈现方式增强了宣传品对于信息传达的表现力量。印刷技术与工艺的不断革新和新型材料的不断涌现，极大地丰富了实体宣传品的表现形式与个性特点。计算机图形设计软件的更新迭代与三维制作及动态交互制作技术的发展，拓展了数字宣传品的视觉形式和展示方式。其次，当代人对于宣传品个性与审美的追求，使宣传品的设计需要更多新兴的创意思维与更多变的设计风格，从而为宣传品提供更为广阔的设计空间。

（二）多元交互的传播手段

宣传品的本质是实现信息的有效传播，因此，多元化的传播手段也成为宣传品设计极为重要的发展方向。不同的传播媒介有各自不同的特点和优势，随着互联网与信息技术的发展，数字媒体与动态交互技术已经成为宣传品设计一大发展方向。在现代宣传活动中，利用数字媒体与动态交互技术实现的多媒介混合的宣传方式已成为主流，如线上线下混合宣传、印刷媒介设置二维码联动数字媒体等形式，这种方式能够在宣传过程中利用不同媒介的特点实现优势互补，提升宣传品的宣传效果，实现信息的多角度、全方位传播。

（三）内涵丰富的情感体验

时代的发展与科技的进步，除了带给人们便利、智能、快捷的生活方式以外，也带来了快节奏工作与生活的冷漠与焦虑，使人们更加渴求精神的交流与情感的抒发。宣传品作为与受众接触最多、使用最广的信息传播载体，在设计中融入情感，强化良好的使用体验，能够让受众深入理解宣传品所要传达的信息内容。以印刷为代表的实体宣传品，可利用优秀的结构造型与视觉表现，再结合材料与工艺的力量，让视觉与触觉的真实体验，赋予实体宣传品唾手可得的情感温度。数字宣传品的设计则可充分利用动态视觉与听觉等多重体验的优势，提升数字宣传品情感表达的力度，并通过多元化的交互方式强化宣传品与受众之间的情感交流。（图6-31、图6-32）

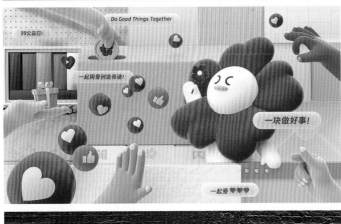

图 6-31 腾讯公益"99 公益日"宣传品设计及应用展示

码 6-3 宣传
品设计的未
来发展趋势

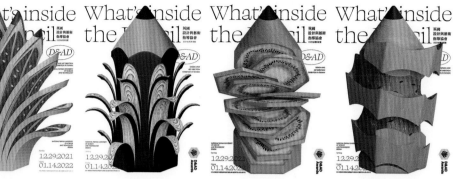

图 6-32 2021 台湾年度展览宣传海报与宣传物料设计

实训练习

系列宣传品设计练习

（1）实训内容

自选主题与内容，结合版式设计原理与宣传品设计的理论知识进行系列宣传品设计。其中，宣传品形式的类别不能少于 3 种，宣传品总数量不少于 5 个，须包含一本页面总数不少于 20 页的宣传册。

（2）实训目的

通过系列宣传品的设计练习，促进学生对宣传品主题的理解，提高对信息内容的梳理整合能力。强化他们对系列宣传品视觉元素、结构与装订方式、材质与工艺的设计应用能力，同时要求学生把握设计作品主题风格统一与内容细节变化的关系。

参考文献

1.王受之.世界平面设计史 [M].北京:中国青年出版社,2002年

2.Sun I 视觉设计.版式设计原理 [M].北京:科学出版社,2011年

3.王绍强.书形:138 种创意书籍和印刷纸品设计 [M].江洁,译.北京:中国青年出版社,2012年

4.罗诗淇.版式设计与网格系统 [M].香港:香港高色调出版有限公司,2020年

5.周逢年,张媛,薛朝晖.版式设计 [M].南京:江苏凤凰美术出版社,2017年

6.余岚.版式设计 [M].重庆:重庆大学出版社,2014年

7.吴桥.型录设计 [M].上海:上海交通大学出版社,2012年

8.彭娟,刘斌.型录设计 [M].南京:江苏凤凰美术出版社,2019年

后　记

　　这本书的写作实属大势所趋且因缘际会。在四年前的教学改革与人才培养方案修订工作中,我深感原有课程体系中版式设计与型录设计的知识点雷同较多,同时型录设计的提法较为过时且不易理解。鉴于此前标志设计与 CIS 设计课程合并的成功案例,我萌生了将此二课程合二为一的想法。

　　合并后的版式与宣传品设计,既能解决版式设计与型录设计部分知识点雷同的缺陷,又让版式设计这门解决设计作品版面元素处理与版面编排手法的专业基础课程有了更强的应用价值,这是教学改革与课程建设应对设计教育向着应用型人才培养转型的大势所趋。

　　在确定想法之后,我将课程的建设主要交由本书的第二作者蒋苑如老师负责,全新的版式与宣传品设计课程在 2020 年启用,经过两届学生的教学实践,明确了课程的可行性与成效性。恰逢西南大学出版社开启打造"高等职业教育艺术设计新形态系列教材"的计划,双方一拍即合,确定了该教材编写的选题立项,推进了该课程的建设深度,可谓因缘际会,一切皆好。

　　然而,虽竭尽全力,但本书的编写依然困难重重。如何以最精练的语言概括繁多的理论知识,如何以最合适的逻辑连贯内容的前后篇章,如何以最简洁的论述强化本书的可读性,都是本书写作时需要解决的问题,特别是对第一次编写教材的蒋苑如老师和郭宇飞老师来说,艰辛的付出带来了巨大的收获,于她们而言,是突破,亦是教学与科研能力的双重提升。

　　限于作者能力与视野的限制,书中的不足与疏漏难免存在,恳请各位学者同仁不吝指正。本书的出版离不开本书责鲁妍妍辛勤而细致的工作,也离不开为本书提供各类优秀案例的国内外设计师与设计团队,在此一并致以最诚挚的谢意。

　　本书是我主持的重庆市职业教育教学改革研究项目"学以致用、学用相长——高职视觉传媒类专业"设计助力乡村振兴"教学模式的研究与实践"(项目编号:GZ223311)的阶段成果,特此标注。

张毅